Claus Schaefer

Süßwasseraquarien

Die 20 besten Unterwasserwelten

201 Farbfotos
8 Grafiken

Ulmer

Kapitel 1

Kapitel 2

Eine Welt im Glas

Glück gehabt: kein Vorwort.

Stattdessen der Sprung direkt ins wohltemperierte Wasser mit einem Überblick über fast alle möglichen Stilrichtungen in der Aquaristik.

Suchen Sie sich etwas aus!

Aquarientypen

Ein Aquarium ist ein wassergefüllter Glasbehälter, in dem vornehmlich Fische und Pflanzen gepflegt werden. So weit die Definition. Der zur Klassifizierung neigende Mensch unterscheidet darüber hinaus alle möglichen Typen und setzt dem Aquarium ein entsprechendes Wort voran: Gesellschafts-, Zucht-, -Aufzucht-, Schau-, Quarantäne-, Foto-, Händler-, Biotop-, Landschafts-, Nano-, Art- und noch andere Aquarien. Da die Aquaristik aber keine exakte Wissenschaft ist, lässt sich das alles nicht so genau gegeneinander abgrenzen. Zu allem Überfluss kann ein Aquarium zugleich auch mehrere sein: Macht es einen ansprechenden Eindruck, ist es ein Schauaquarium; lebt nur eine einzige Fischart darin, ist es gleichzeitig ein Artaquarium, orientieren sich Einrichtung, Wasserwerte sowie andere maßgebliche Faktoren an den Gegebenheiten der Heimatgewässer, dürfen Sie auch noch Biotopaquarium zu ihm sagen. Beliebige weitere Kombinationen sind möglich.

Ein bisschen Vorgartenarchitektur und Rote Neonsalmler, so stellen wir uns ein Aquarium vor. Oder?

Schöner Wohnen für Fische

Hier geht es um die Einrichtung von Aquarien. Die Ansprüche der Insassen stehen dabei an erster Stelle. Das bedeutet aber keineswegs, dass das Ergebnis unserer Bemühungen unansehnlich sein muss, weil wir etwa einen verkrauteten Uferrand, eine öde Sandfläche oder eine veralgte Geröllhalde möglichst naturgetreu nachgebildet haben.

Über Geschmack lässt sich nicht streiten. Fest steht aber, dass manche Aquarien gelungener wirken als andere, schlicht und einfach attraktiver sind – und zwar ohne irgendwelche Einbußen an Lebensqualität für Fisch und Pflanze.

Wenn wir nach den Ursachen forschen, werden wir schnell feststellen, dass fast immer Prinzipien wirken, die aus der Architektur – nicht zuletzt der Garten- und Landschaftsarchitektur – sowie der bildenden Kunst stammen, uns allerdings oft so in Fleisch und Blut übergegangen sind, dass wir bei der Einrichtung eines Zimmers beispielsweise gar nicht mehr bemerken, dass und wie wir sie anwenden: Aufbau, Dynamik, harmonische Verhältnisse, Kontraste, Akzente, Blickrichtung und -verlauf sind nur einige davon.

Nun man muss daraus keine dogmatische Lehre ableiten. Bedenken, zu sehr ins Uniforme, einheitlich Geregelte abzugleiten, sind wirklich nicht angebracht. Genügend Spielraum haben Sie immer, weil Sie sich den selbst genehmigen. Veranschaulichen sie sich aber solche Grundsätze bei der Planung einer Aquarieneinrichtung, können sie helfen, aus einer vielleicht eher durchschnittlichen oder langweilig wirkenden Aquariengestaltung einen richtigen Hingucker zu machen.

Zum anderen gibt es noch ein sehr viel bedeutsameres Vorbild: die Natur. Bildmaterial von den Originalschauplätzen findet sich in der Literatur und im Internet zuhauf.

Tipp

Ausflüge in die nähere Umgebung sind oft hilfreich, denn unterschiedliche Gewässertypen gibt es auch hierzulande, und entsprechende Ausschnitte können als Modell, mindestens aber zur Inspiration dienen.

Kleine aquaristische Stilkunde

Verschaffen wir uns erst einmal einen Überblick über die Stilrichtungen, die es zu prägender Popularität gebracht haben.

Holländisches Aquarium

Eine altbewährte Schule repräsentiert das „Holländische Aquarium“, das vor rund 50 Jahren, wie der Name schon sagt, in den Niederlanden auf-

Reminiszenz an das Holländische Aquarium (ausgestellt von Jens Heleman auf der Heimtiermesse Hannover 2001).

Ein Naturaquarium, bei dem der helle Sand einen Wasserlauf darstellen soll (eingerichtet von Dawid Stas auf der Heimtiermesse 2009 in Hannover).

kam. Eine möglichst lückenlose, nach bestimmten Gesichtspunkten zusammengestellte Bepflanzung ergibt das Bild eines attraktiven, üppigen Unterwassergartens. Starke Punkte werden mithilfe des Goldenen Schnitts ermittelt und durch besondere Akzente – etwa einzelne, größer wachsende Pflanzen (Solitärpflanzen) – betont.

Pflanzengruppen werden nach Kontrastwirkungen von Größe, Farbe, Wuchs- und Blattform ausgewählt und unter dem Aspekt der Gesamtwirkung gezielt platziert. Ein besonders charakteristisches Element ist die „Leidener Straße“: Eine die Blickrichtung des Betrachters verlängernde, von vorn nach hinten verlaufende und dabei ansteigende Pflanzengruppe verstärkt optisch die Tiefenwirkung des Aquariums. Die Fische darin sind immer pflanzenfreundlich und werden nicht sehr groß.

Gut zu wissen

Ein Holländisches Aquarium ist vor allem wegen der Energiekosten für die Beleuchtung eine vergleichsweise kostspielige Sache.
Auch der Arbeitsaufwand ist immens, denn der üppige Pflanzenbestand muss häufig und regelmäßig gepflegt werden.

Naturaquarium

Das vor etwa 20 Jahren erfundene „Naturaquarium“ umweht ein fernöstlicher Hauch. Der Japaner Takashi Amano ist Begründer und Guru dieser Richtung, die sich zum weltweiten Trend ausgewachsen hat und derzeit Ausstellungen und Wettbewerbe beherrscht. Im Vordergrund steht dabei die Umsetzung eines – existierenden oder ausgedachten – Vorbildes aus der Überwasserlandschaft. Atmosphäre soll transportiert, Assoziationen sollen geweckt, Stimmungen ausgedrückt werden. Das funktioniert mit den Bildern der uns umgebenden vertrauten Überwasserlandschaft besser als mit der fremden Unterwasserwelt.

Naturaquarien tragen meist mehr oder weniger poetische Titel. Beliebt sind Hügel- oder sogar gebirgige Modelle ebenso wie Wald- oder Flusslandschaften, wobei bei Letzterem der Fluss durch ein Band aus andersfarbigem Sand im Bodengrund dargestellt wird. Bodengestaltung, Steine und Holz spielen eine wesentlich größere Rolle als beim Holländischen Aquarium und bestimmen die Innenarchitektur maßgeblich.

Vorbilder – egal ob real existierend oder der Fantasie entsprungen – können vom Maßstab 1:1 bis zur radikalen Miniaturisierung reichen, also beispielsweise vom bemoosten Würzelchen im Wald bis zur Nachbildung der Kreidefelsen von Dover. Man könnte von Bonsai-Landschaften sprechen, wenn der Ausdruck Bonsai-Aquarium nicht etwas völlig anderes meinte, nämlich ein meist kleineres Aquaterrarium mit einer reichlich komplizierten Dauerbewässerung des umfangreichen und oft kunstvoll bepflanzten Landteils. Fische lassen sich hier oft ebenso schlecht wie Amphibien halten.

Gut zu wissen

Sehr häufig werden im Naturaquarium Garnelen gehalten, die Algenwuchs verhindern sollen. Die Auswahl der Fische – so sie darin vorkommen – ordnet sich der Thematik des Behälters unter.

Nano-Aquarium

Eng verbandelt mit dem Naturaquarium ist das etwas später aufgekommene Nano-Aquarium, das dem Naturaquarium in der Publikumsgunst mittlerweile den Rang abgelaufen hat. Nano bedeutet ‚Zwerg‘ oder einfach ‚klein‘; die entsprechenden Behälter sind also klein und zudem vorzugsweise würfelförmig.

Nun gibt es kleine Aquarien schon seit den Frühzeiten der Aquaristik – man denke nur an die Galerien kleiner Vollglasbecken in den Züchterregalen –, aber mit dem Begriff Nano-Aquarium wurde das Kleinstaquarium quasi aus dem Keller geholt und innen wie außen einer umfassenden Design-Kur unterzogen. Mittlerweile hat sich das „klein“ allerdings insoweit relativiert, als auch Glaswürfel mit einer Kantenlänge von 60 Zentimetern als Nano-Aquarien gehandelt werden.

Da sich mit abnehmender Behältergröße die Wirkungen von Fehlern vergrößern, verlangt das Nano-Aquarium beständige Aufmerksamkeit und regelmäßige Wartung in kurzen Intervallen. Die Anschaffung kann recht teuer werden, wenn Sie auf die Qualität der einzelnen Elemente ebenso großen Wert wie auf Design und Markennamen legen. Die Einrichtung folgt den Regularien des Naturaquariums; tut sie das nicht, ist es lediglich ein kleines Aquarium. Das Nano-Aquarium ist in erster Linie ein attraktives Schmuckstück.

Ein Nano-Aquarium, das als Naturaquarium gestaltet ist (eingerichtet von Frank Logemann auf der Heimtiermesse 2009 in Hannover).

Landschaft und Biotop

Obwohl das Biotopaquarium in der Aquaristik eine geläufige Vokabel ist, lässt sich nicht ohne Weiteres eingrenzen, was ein Biotopaquarium eigentlich ausmacht. Zunächst einmal hat es nichts mit dem sogenannten Landschaftsaquarium zu tun, bei dem das Etikett – beispielsweise Amazonas-, Mittelamerika-, Afrika-, Asienaquarium –

Blätter, Wurzelwerk, wenige Pflanzen – das kommt dem natürlichen Biotop vieler Zwergbuntbarsche und kleiner Salmler recht nahe.

fast immer nur und das recht grob auf die Herkunft der Fische, manchmal auch der Pflanzen verweist.

Eine Übernahme aller Faktoren, die einen Biotop ausmachen, ist im Aquarium unmöglich. Aber darum geht es auch nicht. Im Mittelpunkt unseres Interesses stehen die Tiere, die wir pflegen wollen. Wir können also schon einmal alle Größen aussortieren, die keinen oder nur einen unerwünschten Einfluss haben – den Druck durch Fressfeinde etwa brauchen wir im Aquarium wirklich nicht.

Entsprechende Einrichtung

Als zweites steht die Suche nach den geeigneten Einrichtungsmaterialien an. Was das Aussehen

Was ist ein Biotop?

Ein Biotop ist der abgrenzbare Lebensraum einer Gemeinschaft von Lebewesen (Biozönose), die sich gegenseitig beeinflussen (können). Zugleich ist diese Gesellschaft charakteristisch für den Biotop. Das reicht etwa von den Bakterien im Boden, über die Wurzeln der von den Bakterien profitierenden Pflanzen bis zur Gegenwart von Fressfeinden, die sich von anderen Lebewesen ernähren, zugleich aber auf bestimmte Pflanzen angewiesen sind, um sich darin vermehren zu können. Die Verknüpfungen sind meist vielfältig und oft Bedingung für das Vorkommen einer bestimmten Art.

Die eben aufgezählten Beispiele gehören zu den belebten (biotischen) Faktoren. Ebenso wichtig sind die unbelebten (abiotischen) Faktoren. Für Fische sind das die chemischen Eigenschaften des Wassers, die Temperatur, die Fließgeschwindigkeit, die Färbung, die Transparenz, die Schwankungen des Wasserstandes.

Dazu gehören aber ebenfalls die Bodenbeschaffenheit, die Umgebungsstrukturen, Sonneneinstrahlung, Klima, Wetter, Jahreszeiten und viele mehr. Biotische und abiotische Faktoren bilden zusammen die Gesamtheit der ökologischen Faktoren.

Übrigens, in heutiger Lesart meint Habitat meist dasselbe wie Biotop, während Biotop ursprünglich nur auf den bevorzugten Lebensbereich einer einzelnen Art bezogen war. Habitataquarium wäre also ebenso möglich wie Biotopaquarium.

betrifft, halten wir uns dabei so nahe es geht ans Original. Bei Bodengrund, Steinen und Wurzeln sollten keine allzu großen Hindernisse im Weg liegen. Natürlich ist eine meterdicke Schlammschicht kein übertragbares Vorbild, aber das Falllaub, das den Schlamm abdeckt, lässt sich realisieren. Bei der Bepflanzung kann es schwierig bis unmöglich werden; ob Sie da auf ähnliche Arten ausweichen oder einfach Ersatz wählen, der mit Fischen und Umgebung einigermaßen harmoniert, müssen Sie selbst entscheiden. Ob ein Aquarium mit Diskusbuntbarschen und Vallisnerien aber als Biotopaquarium durchgeht ...

Gut zu wissen

In den Augen des Betrachters entscheidet eigentlich nur die Optik – und die eigene Einstellung – darüber, ob er es als Biotopaquarium ansieht oder nicht.

Einem Stein kann auch der geschulte Geologe nicht immer ansehen, woher er stammt. Ein Bach in den Alpen kann einem mexikanischen Hochlandgewässer zum Verwechseln ähnlich sehen. Und ein Tümpel im brasilianischen Regenwald lässt sich oft nur anhand der Überwasservegetation von einem ebensolchen am Kongo oder in Thailand unterscheiden. Den Fischen ist es zudem wirklich gleichgültig, ob das Pflanzenblatt, auf dem sie ablaichen wollen, vom selben Kontinent wie sie selbst stammt – im Gegensatz zum fundamentalistisch gesinnten Aquarianer.

Ist ein Biotopaquarium aber das Ziel, sollte das Ergebnis auch ein möglichst weitgehend dem Original entsprechendes lebendes Diorama sein.

Gut zu wissen

Ein Biotopaquarium bedeutet schon im Vorfeld eine ganze Menge Arbeit, ist aber eine besonders reizvolle Herausforderung und lohnt am Ende auf jeden Fall.

Zwar steht hier das Streben nach Schönheit nicht im Vordergrund, und Sie können jederzeit den Joker ziehen, dass Natur schließlich aus sich heraus ästhetisch unangreifbar wäre. Es schadet aber keineswegs, wenn Sie das Vorbild mit ein paar ästhetischen Grundsätzen verheiraten und so ein Resultat erhalten, das Sie nicht im Keller verstecken müssen, sondern auch ins Wohnzimmer stellen dürfen.

Bevor wir aber überhaupt ans Einrichten gehen können, müssen wir recherchieren, wenn wir nicht den Biotop selbst kennenlernen können oder wollen: Reiseberichte, Bilder – am besten Unterwasseraufnahmen, ichthyologische Literatur etc. pp. helfen beim Klären der Lage.

Es geht auch anders

„Igitt! Was für ein Kitsch!" Das ist die erste Reaktion der meisten Betrachter angesichts der Sammelsurien von Schiffswracks, Tauchern, Totenschädeln und was es sonst noch alles gibt. Dabei ist das wirklich nur eine Geschmacksfrage. Ist das Material unbedenklich, ist es den Insassen gleichgültig, ob daraus eine wunderschöne Wurzelimitation oder ein abgestürztes Flugzeug modelliert wurde.

Vielleicht finden Zwergbuntbarsche die Augenhöhlen des Schädels sogar wesentlich besser zum Ablaichen geeignet als die natürlich wirkende Kokosnuss – die nebenbei bemerkt ebenso eine geschmackliche Verirrung oder bestenfalls einen Notbehelf darstellt, denn Kokospalmen wachsen nicht im Regenwald. Auch alle möglichen Unterwasser-Lichtquellen dürften kaum stören, solange sie nicht so stark sind, dass sie die Orientierung der Fische beeinträchtigen und nachts ausgeschaltet bleiben, damit sie nicht den Rhythmus der Tiere durcheinanderbringen.

Und selbst der Naturalist, der einen verschmutzten Wasserlauf mithilfe von Bierdosen und sonstigem Abfall nachbildet, tut den Lebewesen nichts Schlimmes an, solange er es nicht über-

Hier ist den Bewohnern die Einrichtung absolut gleichgültig. Bei lebenden Tieren ist das allerdings anders.

Sehr realistisch, aber auf Dauer nicht besonders dekorativ: So sollten unsere Gewässer nicht aussehen.

Abgesehen von der geschmacklichen Problematik bietet die geringe Tiefe dieses Dings Tierschützern einen triftigen Grund zum Einschreiten.

treibt und auch noch Altöl ins Aquarium kippt. Alle diese Plastik- und Leucht-Accessoires haben aber eines gemeinsam: Auf Dauer wirken sie langweilig. Und selbst die Bierdosen sind im Grunde nichts anderes als Kitsch, wenn man nicht gerade einen besonderen pädagogischen Ansatz – in einer Ausstellung zum Beispiel – damit verfolgt. Wenigstens stellen sich nach einer Weile auch auf allen diesen Gegenständen sehr biologische Bewohner ein, Algen nämlich.

Schmuck oder Tierquälerei?

Seit einiger Zeit sind auch extrem flache Aquarien im Handel, die wie ein Bild an die Wand gehängt werden. Da das Gewicht hier gering sein soll, sind sie nur wenige Zentimeter tief und behindern Fische erheblich in ihrer Bewegungsfreiheit. Natürlich können Sie sich ein solches Ding an die Wand hängen, wenn Sie Ihren Geschmack zum Diskussionsgegenstand machen wollen. Dann dürfen Sie aber keine Fische, noch nicht einmal Garnelen darin einsperren, denn auch die würden sich in dieser nahezu eindimensionalen Welt dauernd den Kopf stoßen. Tiere in solchen Bilderrahmen zu halten ist Tierquälerei. Glücklicherweise spielen sie seit dem Aufkommen der Nanoaquarien keine große Rolle mehr.

Manche neuen Wege der Aquascaper sind gewöhnungsbedürftig.

Eine ungewöhnliche Variante des Biotopaquariums: Das südostasiatische Reisfeld auf der AquaFisch 2005, eingerichtet von scalare-online.de.

Andere Wege

Wollen Sie unbedingt andere Wege gehen und suchen nach ausgefallenen Einrichtungs- und Dekorationsideen, bieten sich genügend Möglichkeiten, an denen Sie sich austoben können. Das oben abgebildete Reisfeld etwa – statt des keimfähigen Reises, der schwierig zu bekommenden ist, kam hohes Zypergras zum Einsatz – ist für manche Labyrinthfische wunderbar geeignet. Nur müssen Sie dann den Aufwand in Kauf nehmen, für entsprechend viel Licht, Luftfeuchtigkeit und eine ausreichend hohe Lufttemperatur zu sorgen.

Auch in lichtlosen Höhlen leben Fische, die sich gut im Aquarium pflegen lassen – eine lange in der Aquaristik bekannte Art ist *Astyanax jordani*, der Blinde Höhlensalmler aus Mexiko. Aber auch blinde Welse, Barben, Stachelaale, Nilhechte und Buntbarsche gibt es; man wird sie aber nur sehr selten bekommen können. Bei der Einrichtung entsprechender Aquarien müssen wir uns nicht unbedingt von malerischen Tropfsteinhöhlen inspirieren lassen, obwohl da allerlei möglich ist. Wichtiger ist wie immer die passende Gesellschaft und in diesem Falle weniger Licht.

Es kann also nicht nur teurer sein, sondern auch aufwändiger, wenn Sie Ihren besonderen Geschmack unter Beweis stellen wollen.

Die 20 schönsten Unterwasserwelten

Die folgenden Beispielaquarien bieten mit 5 bis 1000 Liter Inhalt und Schwierigkeitsgraden von „ganz einfach" bis „ziemlich aufwändig" für nahezu jeden Aquarienfreund und -fisch ein geeignetes Objekt.

Worum geht es in diesem Teil des Buches?

Die hier versammelten Beispiele bieten einen – wenn auch notgedrungen lückenhaften – Überblick über verschiedene Möglichkeiten, Aquarien einzurichten. Auch ist nirgendwo ein verbindliches Rezept oder gar eine Vorschrift dabei.

Bei den 20 Beispielaquarien geht es um Anregungen, aus denen Sie vielleicht die eine oder andere Idee für Ihr eigenes Aquarium gewinnen können. Die Reihenfolge ist beliebig, denn wie sollte man sie ordnen? Es gibt einfach zu viele Möglichkeiten.

Auch die Darstellung der Aquarien kommt nicht einheitlich daher. Sie reicht vom bloßen Foto, das auf einer Ausstellung, einer Messe, beim Zoofachhändler oder im Schauaquarium entstanden ist, bis zum selbst eingerichteten und länger betriebenen Aquarium, zu dem dann auch Details mitgeteilt werden.

Immer stehen aber die Bedürfnisse der Fische im Vordergrund. Wie lassen sie sich in die aquaristische Praxis umsetzen? Und wie sieht das Ganze dann auch noch einigermaßen dekorativ aus? Das Pferd lässt sich aber auch von hinten aufzäumen: Was passt am besten in ein so und so eingerichtetes Aquarium?

Am besten schauen Sie sich an, was Sie interessiert. Und entscheiden Sie selbst, was Ihnen gefällt. Aber denken Sie zuerst an die Fische und vergewissern Sie sich, was denen gefällt. Dann können Sie anfangen.

Das ist wirklich ein Nanoaquarium: 1,5 Liter Inhalt, aber bepflanzt. Besatz: eine Posthornschnecke.

Ein Aquarium für Faule

Wie ein Aquarium eingerichtet wird, das setzen wir hier erst einmal als bekannt voraus – und bekommen es ohnehin an anderen Stellen auch noch zur Genüge.

Fangen wir doch einmal ganz anders an: Aquarien kosten Geld und machen Arbeit. Beides wird sich nie ganz vermeiden lassen, es sei denn, Sie bekommen alles geschenkt und haben eine kostenlose Arbeitskraft zur Verfügung. Es lässt sich duzieren, und man bekommt trotzdem ein sehr ansehnliches und spannendes Aquarium zusammen.

Gut zu wissen

Die Arbeitsersparnis beginnt schon beim Einrichten selbst: Das bisschen Bodengrund ist in wenigen Minuten sauber gespült. Umständliches Zurechtstutzen der Pflanzen kommt genauso wenig vor wie irgendwelche Setzarbeiten.

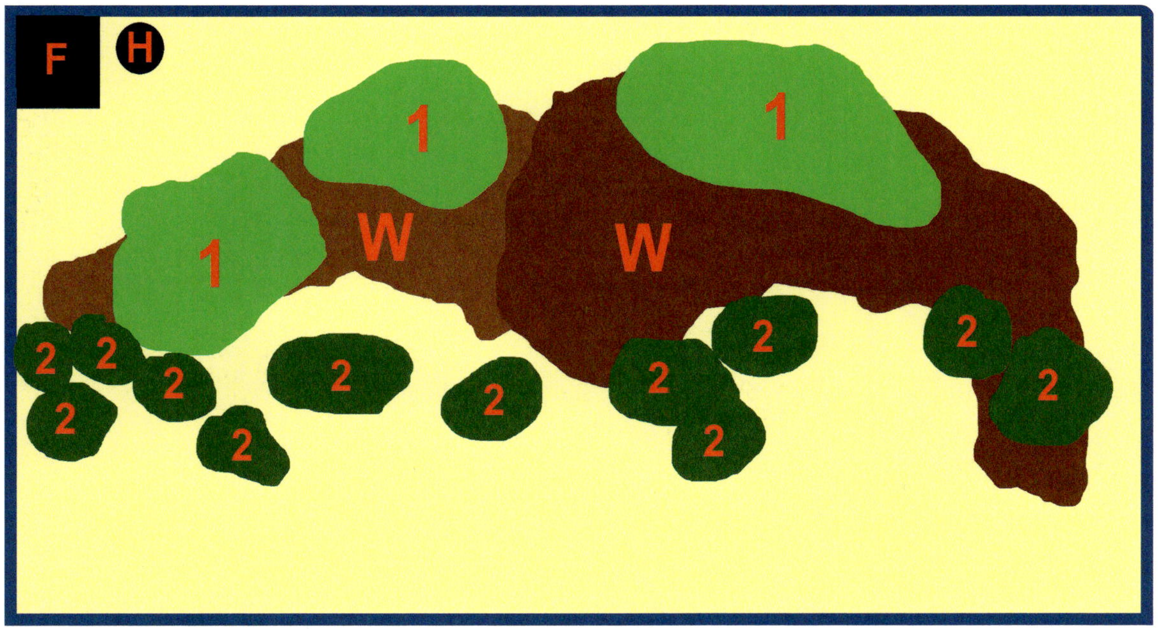

Grundriss des Aquariums: F = Filter, H = Heizung, W = Wurzelholz, 1 = Javafarn, 2 = Algenbälle.

Man nehme ...

Auf den Boden kommen also nur ein paar Hände voll Sand, Kies oder einer Mischung aus beidem, was der Fläche mehr Abwechslung beschert. Dann wird die **Technik** installiert, die mit Innenfilter und Regelheizer aufs Minimum beschränkt bleibt. Die Beleuchtung ist schließlich schon in der Abdeckung eingebaut.

Wichtig ist das sorgfältige Aussuchen des Holzstücks, das als einziger größerer Dekorationsgegenstand zum Einsatz kommt. Es sollte schon so gut wie möglich passen und zugleich die Basis für den Javafarn abgeben, der als das Aquarium beherrschende Pflanze darauf wachsen wird. Sehr gut eignet sich die besonders hübsche und eher klein bleibende Form ‚Windeløv' gerade für kleinere Aquarien.

Den Farn kaufen wir, nachdem das Holzstück schon einmal Probe gelegen hat, weil wir erst dann die genaue Lage kennen. Holz im Aquarium ist wegen seiner unregelmäßigen Formen immer etwas störrisch und möchte meist ein bisschen anders herumliegen, als wir uns das vorstellen. Vielleicht müssen wir die Wurzel gegen die Rückwand lehnen oder vorsichtig zwischen den Scheiben einklemmen. Vorsichtig deshalb, weil Holz quillt, wenn es nass wird, und bei zu strammem Sitz zu starken Druck auf das Glas ausübt.

Rechte Seite:
Wenig Mühe, aber ein ansehnliches Ergebnis – das Aquarium für Faule.

Gut zu wissen

Unbedingt wird das Holzstück schön lange gewässert, denn gerade bei kleineren Aquarien können die Wasserwerte sich schnell verändern, wenn sozusagen frisches Holz verwendet wird.

Ob einer oder mehrere Farne auf dem Holz Platz finden, entscheidet der Vorrat im Handel. Manchmal bekommt man schöne große Büsche, oft aber nur kleinere Exemplare, von denen man dann eben ein paar nebeneinandersetzen muss. Bei vielen Aquarianern wächst Javafarn zuverlässig und liefert pausenlos Tochterpflanzen. Die bekommen Sie von Vereinskollegen meistens erheblich billiger als im Handel, weswegen sich schon deshalb eine Mitgliedschaft im Aquarienverein auszahlen kann.

Als zweite Pflanzenart besorgen wir uns ein paar (*Cladophora aegagropila*), die wir dann ins Aquarium werfen, wenn der Rest schon erledigt und das Wasser eingefüllt ist. Diese Algenbälle lassen sich positionieren, wo wir wollen, und wenn sie einmal schmutzig sind, können wir sie einfach abspülen. Fortgeschrittene oder Arbeitsame können die Bälle auch aufschneiden und über passende Steine stülpen. So bekommt man eine stationäre, pflegeleichte Grünfläche zusammen.

Besatz

Damit es nicht gar so alltäglich wird, suchen wir uns Fische aus, die etwas abseits vom Mainstream-Guppy angesiedelt sind. Hier, im real existierenden Aquarium, sorgt eine Gruppe Sulawesi-**Sonnenstrahlfische** (*Marosatherina ladigesi*) für die Belebung des Bildes, während **Grundeln** der

Javafarn auf Holz

Wie im Kapitel „Umgang mit Pflanzen“ ansatzweise geschildert, lassen sich Java- und auch anderer Farn auf Wurzeln und Steinen aufbinden. Da sollen sie nach einer Weile festwurzeln und weiterwachsen. Das klappt aber nicht immer; am besten versuchen Sie es mit möglichst jungen Pflanzen – die Chancen sind dann erheblich größer. Um ganz sicherzugehen, kaufen Sie das Ensemble – Farn auf Wurzel oder Stein – bereits fest verwachsen im Handel. Das kostet allerdings erheblich mehr als die Einzelteile. Zusätzliche Möglichkeiten bieten (die noch teureren) Farne auf Holzwurzelstücken, die mit einem Saugnapf ausgerüstet sind. Damit können Sie dann auch in beliebiger Höhe der Wassersäule Farne pflanzen, solange die Blätter immer unter Wasser bleiben und die Saugnäpfe halten ...

Wunderschön und nicht einmal besonders schwer zu vermehren: Pastellgrundel (*Tateurndina ocellicauda*).

Grundeln

Grundeln werden viel zu selten im Aquarium gepflegt. Dabei sind die meisten Arten nicht nur hübsch anzusehen, sondern zeigen auch ein interessantes Sozialverhalten. Wir müssen nur Acht geben, dass wir die Revieransprüche der Männchen berücksichtigen und nicht zu viele Geschlechtsgenossen auf zu kleinem Raum unterbringen.
Im 60er-Aquarium sollten einem Männchen zwei oder drei Weibchen zugesellt werden, dann hält sich das innerfamiliäre Gezänk in Grenzen. Einen großen Gefallen tut man vielen Grundelmännchen, wenn man ihnen als Zentrum ihres Besitztums eine Höhle zur Verfügung stellt. Für jedes ein simples, schräg gelegtes Steindach genügt oft schon.

Zwei Dinge gilt es zu beachten:
Erstens mögen die meisten Grundeln kein Trockenfutter, sondern lassen sich am liebsten von lebenden Wasserflöhen oder Mückenlarven zum Zuschnappen verleiten. Frostfutter nehmen sie aber auch.
Zweitens gibt es viele Arten, die zwar willig ablaichen, deren zudem noch winzige Larven aber darauf angewiesen sind, ins Meer gespült zu werden, wo sie die ersten Jugendphasen durchleben müssen. Für Süßwasseraquarianer ist das ein nahezu unüberwindliches Hindernis, und Meerwasserfreunde interessieren sich nicht für Süßwassergrundeln.

Ein Paar *Marosatherina ladigesi*, rechts das Männchen.

Ein Neongrundel-Männchen (*Stiphodon* sp.).

Gattung *Stiphodon* die Charakterrolle auf dem Boden übernehmen.

Die *Marosatherina* sollten in einer größeren Gruppe von vielleicht sechs bis acht Tieren vorhanden sein, von den Grundeln nicht mehr als ein Männchen mit kleinem Harem (Näheres siehe Kasten). Die *Marosatherina*-Männchen haben nur eins im Kopf, fressen aber zwischendurch gerne auch Lebend-, Frost- und auch Trockenfutter. Mit letzterem können die Grundeln kaum etwas anfangen, weshalb für sie nur lebende oder tiefgefrorene *Cyclops*, Daphnien, *Artemia* oder kleine Mückenlarven in Betracht kommen.

Arbeitsaufwand

Der ist mäßig, schließlich soll es ein Aquarium für Faule auch nach der Einrichtung bleiben. Um den regelmäßigen Wasserwechsel kommen wir aber bei keinem Aquarium herum: Jede Woche wird ein Drittel des Inhalts gegen frisches Wasser ausgetauscht. Dabei können wir dann gleich die Scheiben putzen, also von den allgegenwärtigen Algen, die langsam die Sicht zu behindern versuchen, befreien. Ab und an, vielleicht einmal im Monat, wird anlässlich eines Wasserwechsels der Filterschwamm im abgelassenen Aquarienwasser ausgedrückt. Vielleicht muss auch ein abgestorbenes Farnblatt entfernt werden, mehr ist aber eigentlich nie zu tun.

2 Ein Aquarium für nicht ganz so Faule

Im Prinzip haben wir hier einen ganz ähnlichen Aufbau wie im ersten Aquarium, nur dass dieses Mal ein bisschen mehr Arbeit auf uns zu kommt. Das wird dann aber auch belohnt.

Die Bepflanzung ist mit einem größeren Javafarn auf einem respektablen Stück Wurzelholz dieselbe wie im ‚Aquarium für Faule'. Da wir aber eine Gruppe südamerikanischer Salmler darin leben lassen wollen, müssen wir uns erst einmal deren Ansprüchen widmen.

Im Dunkeln ist gut munkeln

Das Schummrige kommt dabei durch mehrere Faktoren zustande: Der Boden des Gewässers ist mit Falllaub und Totholz bedeckt, sodass man den oft fast weißen Sand darunter überhaupt nicht mehr sehen kann. Das Wasser selbst ist zwar klar, aber dunkel rotbraun gefärbt – etwa wie starker Tee. Und außerdem dringt die Sonne kaum durch das Blätterdach des Regenwaldes, das sich über den schmalen Bächen und Flüsschen fast schließt oder zumindest die Uferränder stark beschattet.

Der Dreibandsalmler (*Hyphessobrycon heterorhabdus*) kommt erst bei eher spärlicher Beleuchtung richtig zur Geltung.

Tipp

Die meisten Salmlerarten, die bei eher geringer Körpergröße auffällige, oft geradezu leuchtende Farbmarkierungen tragen, stammen aus kleineren, eher schwach strömenden Wasserläufen mit reichlich schummriger Atmosphäre.

Wollen wir eine ähnliche Situation schaffen und kümmern uns dabei zuerst um den Boden, ist die Lösung nicht schwer. Entweder verwenden wir dunklen Sand oder Kies, der mit seiner Farbe die Hauptbedingung erfüllt, oder wir werden ganz authentisch und legen genügend Holz und totes Laub auf den Boden, der in diesem Fall nicht einmal eine Sandschicht aufweisen muss – Glas genügt.

Beim Laub sollten Sie allerdings aufpassen, dass Sie nicht allzu viel davon verwenden und es immer wieder beizeiten gegen frisches austauschen. Denn totes Laub zerfällt natürlich, wobei Stoffe frei werden, die wir eigentlich nicht in höherer Konzentration im Wasser möchten; vor allem Nitrat kann sich da bemerkbar machen. Das gilt nicht nur für Buchen- oder sonstige auf Spaziergängen gesammelte Blätter, sondern ebenso für Seemandelbaumlaub und Ähnliches. Die Wasserfärbung ist ein Thema im technischen Teil auf Seite 125. Bei anspruchsvolleren Arten, die auch einen deutlich niedrigeren pH-Wert benötigen, können Sie gleich mit Torf und/oder Erlenzäpfchen arbeiten, ansonsten kommen Sie häufig schon mit käuflichen Gerbstoffen weit genug.

Der Königssalmler (*Inpaichthys kerri*) ist ein geeigneter und lohnender Kandidat für ein Salmleraquarium.

Nannostomus mortenthaleri ist zwar wunderhübsch und bleibt auch recht klein, seine innerartliche Aggressivität ist aber sehr hoch.

Licht

Die Sonneneinstrahlung, bei uns vertreten durch Leuchtstoffröhren, schirmen wir mit Schwimmpflanzen ab, die dann an der Oberfläche genug Licht zum Wachsen bekommen, aber nicht mehr überall die Helligkeit nach unten lassen. Das wiederum hat zur Folge, dass wir bei den Pflanzen, die auf dem Holz wachsen sollen, Arten wählen müssen, die eben recht bescheiden in ihrem Lichtbedürfnis sind. Neben Javafarn kommen da vor allem die zahlreichen kleineren *Anubias*-Varianten in Frage.

Nicht immer nur Neons

Der Rote Neonsalmler führt seit ewigen Zeiten die Verkaufslisten des Handels an, dicht gefolgt vom normalen Neonsalmler. Die Farbenkombination von leuchtendem Rot mit ebenso strahlendem Blau ist ja auch einmalig und ausgesprochen plakativ.
Daneben gibt es aber selbst im Standardsortiment Salmlerarten, die keineswegs graue Mäuse sind und vom Verhalten und den Ansprüchen her auch keine größeren Probleme als die Verkaufsschlager mit sich bringen. Weil sie im kahlen hellen Händleraquarium aber eher fahl und kümmerlich wirken, gehen die meisten Kunden achtlos an ihnen vorüber. Fast immer blühen diese Schönheiten aber erst im geeigneten Aquarium und mit der passenden Gesellschaft, die im besten Falle nur aus Exemplaren der eigenen Art besteht, richtig auf.
Für das hier vorgestellte Aquarium eignen sich viele, beinahe alle Arten aus den Gattungen *Hyphessobrycon* und *Hemigrammus* – und dazu noch ein paar weitere aus anderen Gattungen.

Der Javafarn kann im Vergleich allerdings nicht nur mit seinem prächtigeren Blattwerk und dem doch etwas schnelleren Wachstum punkten, sein Wurzelwerk ist wesentlich umfangreicher als das eher dürre Gestrüpp, das *Anubias* bieten können. Und dichtes Unterholz ist gar nicht so unwichtig, denn die Salmler laichen am liebsten an und in solchen Dickichten ab. Es empfiehlt sich sowieso, neben den Pflanzen auf der Wurzel noch einige Portionen Javamoos im Aquarium unterzubringen, vorzugsweise in möglichst lauschigen Eckchen.

Klein und farbig

Einige Arten, die für ein solches Aquarium in Frage kommen, sind hier abgebildet. Für eine Gruppe von drei oder vier Männchen und ebenso vielen Weibchen sollte das Aquarium mindestens die 60-er-Standardgröße haben, also um die 54 Liter fassen – mehr schadet keinesfalls.

Anspruchsloser, was das Wasser betrifft, aber deutlich größer sind die *Nematobrycon*-Arten, bei denen wir in Aquarien ab 80 Zentimeter Länge ziemlich sicher mit Nachwuchs rechnen können, wenn wir so verfahren wie hier empfohlen.

Oben: Der Glühlichtsalmler (*Hemigrammus erythrozonus*) kommt in zu hellen Aquarien farblich nicht zur Geltung.

Mitte: Der Zitronensalmler (*Hyphessobrycon pulchripinnis*) macht seinem deutschen Namen bei richtiger Pflege alle Ehre.

Unten: Eine Gruppe des Federsalmlers (*Hemiodopsis gracilis*), der immer zu mehreren unterwegs ist.

Alle Salmler sind Schwarmfische, oder nicht?

Dass Neonsalmler und womöglich alle anderen, die man im Zooladen sieht, Schwarmfische seien, wird immer wieder behauptet – auch gerne vom Verkaufspersonal, das natürlich gleich ganz viele Fische auf einmal an den Kunden bringen möchte. Aber so Unrecht hat es damit nicht, auch wenn ‚Schwarmfisch' hoffnungslos übertrieben ist.
Den Zusammenschluss zu einer im Gleichtakt agierenden Gruppe bekommen wir zu sehen, wenn die Fische sich bedroht oder zumindest fremd fühlen. Neu ins Aquarium gesetzt, werden solche Salmlerarten dieses Verhalten eine Weile vorführen. Sind dann etwa auch große Skalare oder ähnlich bedrohlich wirkende Genossen anwesend, werden sie es auch länger beibehalten.
Im Sammelsurium- oder gemeinhin Gesellschaftsaquarium genannten Behälter werden sie sich nach der Eingewöhnung eher planlos im Becken verteilen und eher langweilig wirken. Die anderen Fische gehen ihnen auf die Nerven. Zwar nicht so stark, dass man sich als Schwarmgefüge schützen müsste, aber doch so, dass keine intime Stimmung aufkommen kann. Erst wenn die außerartliche Belästigung so weit reduziert ist, dass die Männchen ungestört kleine Reviere gründen und gegen ihre Nachbarn verteidigen können, bekommen wir die ganze Vielfalt des Verhaltens zu sehen. Die Weibchen werden eher truppweise oder einzeln im Mittelgrund umherschwimmen und sich von den Männchen en passant anbalzen lassen. Ist ein Weibchen laichreif, wird es auch zur Paarung kommen.

Die frisch eingesetzten Roten Neonsalmler (*Paracheirodon axelrodi*) haben sich hier noch nicht eingelebt. Später werden die Männchen kleine Reviere besetzen.

Womöglich noch größer und zugleich recht weichwasserbedürftig werden die hochrückigen Arten aus der Schmucksalmlerverwandtschaft. Die Haltung allein macht allerdings kaum Schwierigkeiten, nur an die geplante Vermehrung sollten Sie sich vielleicht erst mit ein bisschen Erfahrung heranwagen.

Der Rotkopfsalmler (*Hemigrammus bleheri*) aus den Schwarzwasserzuflüssen des Rio Negro benötigt weiches und saures Wasser.

Hier sind noch zwei ausgezeichnete Kandidaten für ein derartiges Aquarium: Der eher diskret gefärbte Sternflecksalmler (*Pristella maxillaris*) stellt ähnlich geringe Ansprüche...

... wie der Kupfersalmler (*Hasemania nana*), der mit etwa 5 cm Gesamtlänge kaum größer wird.

Die Einrichtung erfordert nicht viel Mühe, wichtig ist die eher schummrige Atmosphäre. Noch ein paar Blätter Falllaub auf den hellen Sand, und es ist perfekt.

3 Lebendgebärende Zahnkarpfen

Lebendgebärende Zahnkarpfen kommen vom Süden der USA bis weit in den Süden Südamerikas vor. Entsprechend vielgestaltig sind die Arten und die Anpassungen an ihre Lebensräume. Von Winzlingen, die sich in zu großen Aquarien eher fürchten, bis hin zu über 20 Zentimeter langen Brummern, die manchmal gar nicht so friedlich sind, ist alles vertreten.

Ein unordentliches Aquarium

Immer ist von freiem Schwimmraum die Rede, wenn es um Aquarieneinrichtung geht. Meistens hat das auch seine Berechtigung, hier aber nicht. Zwergkärpflinge – *Heterandria formosa* aus dem Südosten der USA und *Neoheterandria elegans* aus Kolumbien – meiden das freie Wasser und wohnen im dichtesten Kraut. Die anderthalb bis zwei Zentimeter langen Männchen sind sogar standorttreu und verteidigen im Gebüsch kleinste Reviere gegen ihre Rivalen. Man nehme also ein kleines Aquarium von mindestens 30, besser 40 Zentimeter Kantenlänge, gebe ein paar Hände voll Sand hinein, stelle neben ein paar kleinen dekorativen Steinen vielleicht noch eine oder zwei kleine strukturierende Holzwurzeln am besten senkrecht hinein, fülle Leitungswasser auf und stopfe das Ganze mit Hornkraut voll.

Einen Heizer brauchen wir nicht, ein schwach laufender Filter ist dem Aquarienklima förderlich, und als Beleuchtung genügt eine Schreibtischlampe. Da hinein kommt frühestens nach zwei Wochen ein Trupp der kleinen Fische. Für andauernde Unterhaltung ist damit gesorgt. Wasserwechsel nicht vergessen!

Der einzige Haken bei der Sache ist die absolute Vorliebe der Zwerge für Lebendfutter: *Cyclops*, Wasserflöhe, *Artemia*-Nauplien, eventuell kleine (!) Mückenlarven.

Zwergkärpflinge (*Heterandria formosa*) im Hornkrautwald.

Gut zu wissen

Bei den Kolumbianern müssen Sie ein bisschen aufpassen, dass es ihnen nicht zu kalt wird, die Nordamerikaner sind hingegen sogar ideale Fische für das Balkonaquarium (siehe Seite 56), wenn die Sonne das Becken nicht zu sehr aufheizen kann.

Rennbahnen

Den Schwertträger hat die menschliche Fantasie in Gestalt der Farb- und Formenzüchter nicht so schwer getroffen wie andere Lebendgebärende,

Der Grüne Schwertträger (*Xiphophorus helleri*) sieht nicht nur elegant aus, er ist auch ein äußerst gewandter Schwimmer, der Platz braucht.

Wild- oder Endler Guppy.

aber ganz ist er nicht davongekommen. Dabei ist die Naturform nicht nur ausgesprochen elegant, sondern auch schon schön gefärbt. Obendrein gibt es eine Reihe eigenständiger Arten, die alle unterschiedlich, aber auch hübsch aussehen. Und dazu kommt sogar noch, dass bereits in der Natur ganz verschieden gefärbte Populationen der einzelnen Arten existieren.

Bleiben wir beim Klassiker, dem Grünen Schwertträger (*Xiphophorus helleri*). Für ihn kann es gar nicht genug freier Schwimmraum sein. Die Männchen sind sich untereinander gar nicht grün, sondern dauernd miteinander in (unblutige) Kämpfe verwickelt. Schon daraus ergibt sich, dass es auch Rückzugszonen geben muss. Die sind aber für die bedrängten Weibchen ebenso notwendig. Für eine dichtere Rahmenbepflanzung muss also gesorgt sein. Ein stellenweise dickeres Schwimmpflanzenpolster als erste sichere Heimstatt der Jungfische ist ebenfalls sehr anzuempfehlen.

Das Aquarium für die unglaublich agilen Schwimmer sollte schon mindestens einen Meter lang sein, anderthalb wäre besser. Für Inhaber kleinerer Behältnisse gibt es den Zwergschwertträger (*Xiphophorus pygmaeus*), aber 60, vielleicht 80 Zentimeter sollten es hier auch schon sein. Zudem mag er eine deutliche Strömung noch lieber als sein größerer Verwandter.

Der Anfängerfisch

Können Sie Wildguppy-Nachzuchten (*Poecilia reticulata*) oder Endler-Guppys (*Poecilia wingei*) bekommen, sollten Sie zugreifen.

Die von keiner noch so schönen angezüchteten Flossenpracht gebremsten Fische sind außerordentlich quirlig und zeigen, was eigentlich im Guppy steckt.

Sonderfall Guppy

Wir können den Guppy nicht so einfach links liegen lassen. Dazu hat er in der Forschung, der Malariabekämpfung und in der Aquaristik viel zu viel geleistet. Denn zu Recht hatte er den Ruf des absoluten Alleskönners: klein, bunt, friedlich, anspruchslos und anpassungsfähig, vermehrungsfreudig – kurzum, der Anfängerfisch an sich.

Dieser Ruf ist ruiniert. Schuld daran ist seine Beliebtheit. In riesigen Stückzahlen werden Guppys in Südostasien unter Bedingungen der Massentierhaltung schon lange regelrecht produziert. Dazu gehören prophylaktische, gleichwohl unkontrollierte und dauerhafte Gaben von Medikamenten, vor allem Antibiotika. Nach dem Import der billigen Fische kommt zum Transportstress noch der Wegfall der Medikamente, was die Fische schnell anfällig für Krankheiten macht. Nicht viele dieser Importe überleben ohne Komplikationen.

Immerhin, der Markt ist lernfähig, und die Situation hat sich gebessert. Wesentlich risikoloser sind aber immer noch Fische aus heimischen Nachzuchten. Noch besser sieht es bei Wildguppys und Endler-Guppys aus, die nicht nur über eine stabile Konstitution verfügen, sondern auch für manchen Geschmack das natürlichere und lebendigere Bild abgeben.

Sie können diese Guppys schon in kleinen Aquarien ab 30 Zentimeter Länge unterbringen, mehr Spaß haben Sie aber garantiert an ihnen, wenn Sie noch einmal 30 Zentimeter in der Länge zugeben. Außerdem wird die Population unweigerlich wachsen, dann ist der zusätzliche Raum schon ganz nützlich.

Ein kleines Aquarium mit eher naturbelassenen Guppys.

Im ersten hier abgebildeten Aquarium handelt es sich um eine noch sehr frische Einrichtung, weshalb *Glossostigma elatinoides* im Vordergrund noch in Inseln steht. Später wird es den Boden als geschlossene Rasenfläche bedecken. Dazu braucht es aber reichlich Licht und eine regelmäßige Mahd. Ist die Beleuchtung zu schwach, reckt es sich nach oben, was im Vordergrund keinen so guten Effekt macht. Die anderen Pflanzen – Wasserpest, Wasserfreund, Zwergvallisnerie – stellen keine so hohen Ansprüche, müssen aber auch des Öfteren gestutzt respektive ausgedünnt werden.

Auch wenn Guppys immer noch als „einfach in der Haltung" verkauft werden, haben sie den wöchentlichen Wasserwechsel, die regelmäßige Fütterung und überhaupt die angebrachte Aufmerksamkeit verdient, die auch anderen Arten zugestanden wird.

Gerade beim Futter sollten wir nicht knausern und ihnen wenigstens hin und wieder Lebendfutter in Gestalt von Wasserflöhen, *Cyclops* oder Mückenlarven gönnen. Dazu kommt ein Pflanzenanteil, den wir am günstigsten als Flockenfutter verabreichen können, wenn wir nicht Algen als natürliche Nahrungsquelle nutzen möchten.

Die beste Gesellschaft für Guppys sind Guppys. Auch wenn sich der Bestand unweigerlich erhöhen wird, sollten wir nicht mit einem Pärchen beginnen, sondern gleich eine ganze Gruppe an den Start bringen. Die Belästigungen durch die Männchen verteilen sich, und der Anblick ist auch viel hübscher.

Ein Aquarium für Guppys mit einer hübschen, dennoch eher anspruchslosen Bepflanzung.

Guppymännchen einer Zuchtform.

Das zweite Aquarium ist ein kleines Panoramabecken mit gewölbter Frontscheibe. Hier kommen wir mit weniger Licht aus, was aber nicht bedeutet, dass es allzu dämmrig werden sollte. Die Zwergsagittarien im Vordergrund strecken sich auch, wenn es zu duster wird.

Gedeihen sie gut, haben wir bald einen niedrigen, dichten Wald, der seine Ausläufer allerdings auch in Gegenden schickt, wo wir sie weder erwartet haben noch gerne sehen. Das Feld-, Wald- und Wiesen-Fettblatt, das die Sagittarien einrahmt, stellt nun wirklich keine besonderen Ansprüche, und auch Moos sowie *Anubias* auf der Wurzel kommen mit wenig Licht und Pflege aus.

In beiden Aquarien können sich Guppys wohl fühlen. Wollen wir dem Nachwuchs noch etwas Gutes tun, können wir mit einer Schwimmpflanzenecke (nicht -decke) oder flutenden Trieben für mehr Schutz sorgen. Hornkraut eignet sich bestens und macht auch kaum Mühe, wenn man vom gelegentlichen Reduzieren absieht.

4 Kleine Paschas

Da wir mit dem zweiten Aquarium schon in Südamerika waren, bleiben wir einfach noch ein Weilchen dort und beschäftigen uns mit Zwergbuntbarschen, die wie die eben besprochenen kleinen Salmler in kleineren Wasserläufen oder an den flachen Rändern größerer Flüsse leben. Der Wasserstand ist während der regenärmeren Jahreszeit oft sehr niedrig, der Boden manchmal dick mit Falllaub von den umstehenden Bäumen, die ihren Schatten auf die Wasseroberfläche werfen, bedeckt. Wo keine toten Blätter liegen, sehen wir feinen, hellen Sand. Eine stärkere Strömung ist selten.

Gut zu wissen

Können Salmler schon spannend sein, bieten die Zwergbuntbarsche ein wirklich abwechslungsreiches Familienleben, weil sie nicht nur in einem Sozialverband zusammenleben, sondern obendrein sehr intensiv Brutpflege treiben.

Allerdings werden sie häufig als Beigabe in chronisch übervölkerten Gesellschaftsaquarien gehalten, wo sie sich nicht entfalten können. Dabei haben wir viel mehr von den Fischen, wenn wir ihnen die angemessene Umgebung bieten und nur wenig und vor allem keine aufdringliche Gesellschaft zumuten. Revierverhalten, Familienstruktur und Brutstrategie hängen eng zusammen und sind neben den selbstverständlichen Dingen wie Wasserwerten und geeignetem Futter die maßgeblichen Parameter, nach denen wir uns richten müssen.

Das Leben in der Großfamilie

Die Gattung *Apistogramma*, um die es hier geht, lebt in der Natur in einem Familienverband, den man als Harem charakterisieren kann: Ein Männchen verteidigt ein Großrevier (wobei ‚groß' hier durchaus relativ zu sehen ist), in dem mehrere Weibchen ihre Kleinreviere gründen. Dort im Zentrum befindet sich ein kleinräumiges, nach außen fast geschlossenes Versteck, in dem zunächst das Gelege und später die noch nicht schwimmfähigen Larven betreut werden. Auch nach dem Freischwimmen werden die Jungen noch über Nacht dorthin zurückgebracht und sind so vor Feinden ziemlich sicher.

In der Natur ist dieses Versteck oft nichts anderes als eine winzige Höhle, die sich im Falllaub von selbst findet oder bei deren Architektur ein bisschen nachgeholfen wird. Manchmal liegen auch ein paar Holzstückchen passend übereinander oder eine kleine Pflanzengruppe bietet die benötigten engen und bedeckten Strukturen.

Da oft mehrere Weibchen zugleich Gelege oder Junge betreuen oder manche Weibchen schon wieder ablaichen, während sie noch nicht selbstständige Junge aus der vorherigen Brut führen, kommt es im Aquarium, das freilich groß genug

Ein *Ivanacara adoketa*-Weibchen bewacht seine Jungen.

Ein Weibchen der noch unbeschriebenen Art *Apistogramma* sp. „Papagei" mit seinen Jungen.

Apistogramma macmasteri, ein Paar über seiner praktischen, nichtsdestoweniger hässlichen Bruthöhle.

Der Behälter für *Apistogramma* kann bei möglichst großer Grundfläche eher flach gehalten sein.

sein muss, häufig zu Konflikten, die aber kein schlimmes Ende nehmen. So kidnappen sich die Weibchen gegenseitig öfter die Jungen oder geraten mit den verschiedenen Entwicklungsstadien ihres Nachwuchses durcheinander und tragen auch die größeren Kinder immer wieder in die Höhle zurück, obwohl die gerade lieber irgendwelchen kleinen Wasserflöhen hinterherjagen würden. In einer solchen Kolonie ist meistens mehr los als in der schlimmsten Seifenoper.

Revierverteilung

Damit das aber funktionieren kann, müssen wir neben den notwendigen Wasserwerten auch für das passende Ambiente sorgen, also die Gründung der Kleinreviere ermöglichen. Am einfachsten und übersichtlichsten lässt sich das in einem Aquarium von möglichst großer Grundfläche mit kleinen Tonhöhlen verwirklichen, die wir im besseren Fachhandel kaufen können.

In einer entsprechenden Blätterlandschaft – ganz gleich ob aus heimischem Herbstlaub, aus Seemandelbaumblättern oder aus dichten Cryptocorynengebüschen – wird sich die Gesellschaft ebenfalls nach ihren Vorstellungen etabliere. Das Ganze ist für den Aquarianer aber erheblich unübersichtlicher und erfordert nicht nur mehr Aufmerksamkeit, sondern auch mehr Einsatz, denn nicht nur das Wasser, sondern auch die Blätter sollten schon häufiger gewechselt werden – jedenfalls rechtzeitig, bevor sie zerfallen und das Wasser mit unerwünschten Abbauprodukten anreichern.

Das Aquarium

Rück- und Seitenwände bekommen eine Verkleidung aus Baumwurzeln, die wir entweder passend zurechtsägen oder aus fertigen Strukturrückwänden, wie man sie im Fachhandel bekommt, zusammenbauen. Auch eine Selbstbaulösung ist gut denkbar.

Als Bodengrund verwenden wir feinen hellen Sand wie im Original und spülen ihn ein paar Mal durch, damit keine großen Trübungen mehr entstehen können. Zur Dekoration und als Strukturelemente dienen ein paar, ruhig auch bizarrer geformte, kleinere Wurzelholzstücke.

Das Falllaub stellen wir mit einheimischen Rotbuchenblättern dar oder verwenden die grö-

Apistogramma barlowi – hier ein Männchen – ist Maulbrüter.

Apistogramma trifasciata, Männchen.

Apistogramma cacatuoides, ein Männchen mit sehr viel hineingezüchtetem Rot in den Flossen.

ßeren Seemandelbaumblätter, die zusätzlich noch eine antibakterielle Wirkung mitbringen. Schließlich können wir auch mehrere Blattsorten mischen.

Eine Bepflanzung ist eigentlich nicht unbedingt notwendig, aber wer nicht auf Grün verzichten will, sollte zu kleinen Sagittarien oder Zwergschwertpflanzen greifen, nicht so sehr, weil die auch aus Südamerika stammen, sondern weil sie mit erheblich weniger Licht auskommen als die meisten anderen, derzeit sehr in Mode geratenen Bodendecker. Allzu hell darf es nämlich nicht sein. Die Fische würden nicht nur blasser wirken, sondern sich auch deutlich scheuer verhalten, wenn das Aquarium stark und flächendeckend beleuchtet wird. Gut geeignet sind auch niedrig wachsende Cryptocorynen, die aber manchmal recht lange brauchen, bis sich ein Wäldchen daraus gebildet hat.

Schlupfwinkel

Unverzichtbar sind die Höhlen. Früher war es die obligatorische halbe Kokosnussschale, heute sind es die bereits vorgestellten Tonhöhlen – hässlich sind sie eigentlich beide. Am besten verblenden wir solche funktionalen Gebilde mit einem davor positionierten Wurzelstück oder verbergen sie wenigstens halbwegs hinter Pflanzen.

Da die verschiedenen Arten auch durchaus unterschiedlich aggressiv untereinander sein können, sind Empfehlungen zur Aquariengröße und Besatzdichte mit Vorsicht zu genießen. Bei eher verträglichen Fischen wie *Apistogramma borellii* etwa können wir schon in 60 Zentimeter langen Aquarien mehrere Weibchen unterbringen, ohne dass Mord und Totschlag die Folge sein werden. Mehrere sind da übrigens wie so oft besser als zwei, denn so verteilen sich eventuelle Aggressionen gleichmäßiger und setzen nicht einzelne Fische unter Druck.

Mehrere Männchen sollte man vielleicht erst bei 80 oder 100 Zentimeter Aquarienlänge in Betracht ziehen. Die Weibchenreviere sollten immer von vornherein nicht in direkter Nachbarschaft liegen. Hier nutzen wir die Grenzen des Aquariums möglichst aus und positionieren die Höhlen so weit voneinander entfernt, wie es überhaupt geht.

Wasserwerte

Die Wasserwerte sollten sich im nicht zu harten und eher leicht sauren als alkalischen Bereich bewegen. Es gibt zwar einige *Apistogramma*-Arten, die sich auch in mittelhartem, neutralem oder sogar leicht alkalischem Wasser erfolgreich fortpflanzen (*A. borellii, A. cacatuoides, A. steindachneri*), die weitaus größte Zahl braucht aber zumindest für die Entwicklung der Eier das weichere, eher saure Wasser; einige wenige Arten sind auf Schwarzwasserverhältnisse, also deutlich sauer und sehr mineralarm, angewiesen.

Vergesellschaftung

Wer nicht auf andere Fische verzichten will, sollte sich wenigstens gründlich überlegen, welche Arten dazu passen könnten, ohne dass weder Hauptdarsteller noch Beifische unter der Gesellschaft leiden.
Salmler, die in etwa derselben Wasserregion wie die Zwergbuntbarsche leben, werden kein allzu glückliches Leben führen können, da sie von den *Apistogramma* ständig herumgeschubst werden. Führen die dann ihre Jungen, entpuppen sich die meisten Salmler als Piranha-Verwandte und dezimieren die kleinen Buntbarsche kräftig.
Besser wird es mit Beilbauchsalmlern oder anderen Oberflächenbewohnern funktionieren, da sich die Aufenthaltsräume kaum überschneiden. Und wenn schon Salmler, könnten Sie es am ehesten mit *Hemigrammus*- oder *Hyphessobrycon*-Arten probieren; auch die friedlicheren *Nannostomus*-Vertreter kämen in Frage.
Häufig sieht man auch Welse in solchen Aquarien, was auf Dauer nicht immer funktionieren muss. Kleinere Hexenwelse – wie die abgebildete *Leliella*-Art etwa –, die als Algenfresser beliebten *Otocinclus*-Verwandten oder Panzerwelse (*Corydoras*) sind aber durchaus geeignet und entweder beweglich genug oder so unauffällig, dass sie mit den Zwergbuntbarschen nicht in Konflikt geraten.
Ob sich die Welse allerdings erfolgreich in einem solchen Aquarium vermehren, ist eine andere Frage. Umgekehrt finden selbst die harmlosesten Welse oftmals Geschmack an Zwergbuntbarschkaviar oder zappeligen Larven, und sogar freischwimmende Jungfische können in Bodennähe noch hungrigen Panzerwelsen zum Opfer fallen.

Laichreifes Weibchen des Kleinen Roten Hexenwelses (*Leliella* sp.).

Aufzucht

Bei Nachzuchtversuchen kann hier auch der Einsatz einer UV-Bestrahlung sinnvoll sein. Und wenn es auf die Ausbeute oder zumindest Sicherstellung des Nachwuchses ankommt, sollten Sie ästhetische Bedenken sowieso beiseite lassen und entweder für optimale und damit auch sehr hygienische Verhältnisse sorgen oder kaltherzig der Mutter die Kinder rauben und sie spätestens nach dem Freischwimmen in ein eigenes Aufzuchtaquarium überführen, in dem Sie sie gezielter füttern und versorgen können.

Sensiblere Gemüter können auch Mutter samt Gelege in ihrer Höhle in ein eigenes Aquarium transferieren. Dabei verschließen Sie die Höhlenöffnung mit dem Daumen und geben Acht, dass kein Wasser aus der Höhle läuft.

Der Spritzsalmler (*Copella arnoldi*) ist ein friedlicher Fisch, der als Attraktion sein Laichverhalten mitbringt: Die Eier werden oberhalb der Wasseroberfläche an Blätter oder die Deckscheibe geheftet und vom Männchen bis zum Schlupf mit Schwanzflossenschlägen feucht gehalten.

Beilbauchsalmler – wie der hier abgebildete, den man entweder als *Gasteropelecus levis* oder *G. sternicla* im Handel sieht – begeben sich nur ungern in tiefere Wasserschichten.

5 Schöner Wohnen im Harem

Wem das erste hier vorgestellte Beispiel zu fundamentalistisch ist, der kann mit einer vielleicht wohnraumtauglicheren Variante seinen Zwergbuntbarschen ebenso entgegenkommen. Das Aquarium misst 100 × 50 × 50 Zentimeter, ist also ein Standardformat aus dem Handel. Die Rückwand ist eine Do-it-yourself-Anfertigung aus Styropor und dunkel rotbraun gemischter Abtönfarbe, die unter den hinteren Steg geklemmt wird.

Das Becken wird mit einer fünf bis zehn Zentimeter hohen Sandschicht gefüllt – feiner Kies ist auch möglich. Einige Wurzelstücke fungieren als Raumteiler, kleinere Steine und Kiesel beleben das Bodenbild und lassen die Tonröhren für die kleinen Harnischwelse nicht zu auffällig wirken.

Aquarien für Zwergbuntbarsche müssen keine düstere, pflanzenlose Angelegenheit sein.

Schmetterlingsbuntbarsche

Die zweite sehr beliebte Gattung ist *Microgeophagus*. Der Schmetterlingsbuntbarsch (*M. ramirezi*) gehört zu den meistverkauften Aquarienfischen, obwohl der Bolivianische Schmetterlingsbuntbarsch (*M. altispinosus*) vielleicht nicht ganz so bunt, aber mindestens ebenso interessant und um einiges robuster ist. Hier leben Männchen und Weibchen in einer mehr oder minder festen Paarbindung, verteidigen gemeinsam ein Revier und bewachen auch zunächst das offen oder in einer Grube deponierte Gelege und später die Jungen. Vorsicht ist beim Kauf von Schmetterlingsbuntbarschen (*M. ramirezi*) angebracht. Die meisten angebotenen Tiere stammen aus südostasiatischen Massenzuchten und erweisen sich im Aquarium oft als sehr hinfällig. Besser fahren Sie in diesem Fall entweder mit Wildfängen, die hin und wieder zu haben sind, oder besorgen sich die Fische von Züchtern, die mehr Wert auf Qualität als auf Quantität legen.

Die Bepflanzung (im Foto von links nach rechts): *Vallisneria spiralis*, *Echinodorus grisebachii* 'Parviflorus', davor *Cryptocoryne crispatula* var. *crispatula*, *Vallisneria americana*, noch ein *E. grisebachii* und *Limnophila sessiliflora*.

Beleuchtet wird mit einer 56-Watt-Kompakt-Leuchtstoffröhre, ein leicht gedrosselter Motoraußenfilter mit einer regulären Pumpenleistung von etwa 1000 Litern pro Stunde sorgt auch für eine leichte Strömung und gewährleistet mit der integrierten Heizung eine gleichbleibende Wassertemperatur von 26 °C.

Das Aquarienwasser wird aus Leitungs- und Umkehrosmosewasser gemischt. Der pH-Wert

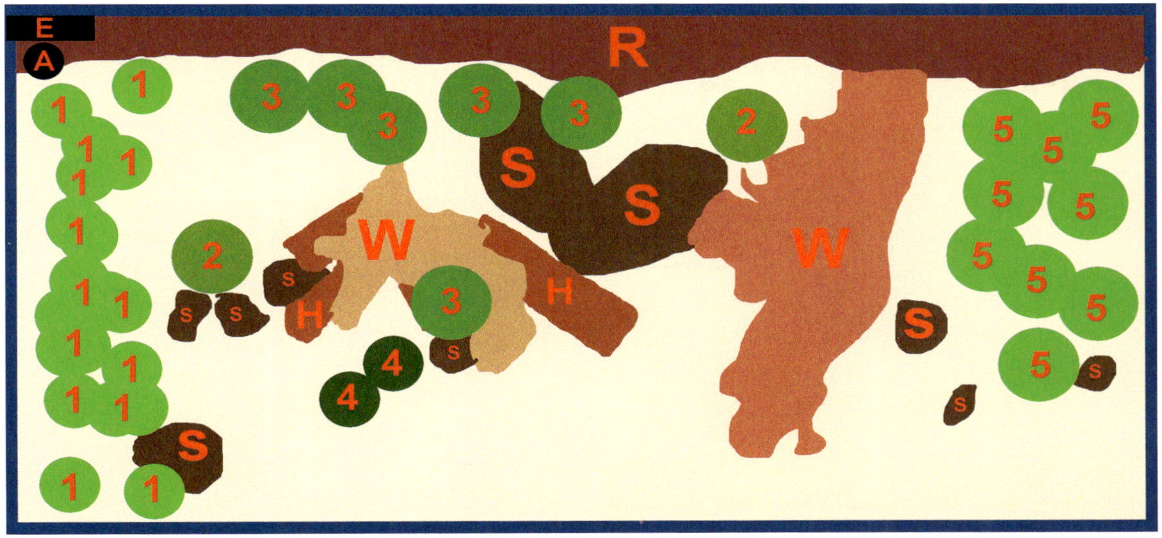

Grundriss des Aquariums:
E = Filter, A = Heizung, H = Tonröhren, R = Rückwand, S = Stein, W = Wurzelholz, 1 = *Vallisneria nana*, 2 = *Echinodorus grisebachii* 'Parviflorus', 3 = *Vallisneria spiralis*, 4 = *Cryptocoryne crispatula*, 5 = *Limnophila indica*.

Zwei imponierende *Dicrossus*-Männchen.

Ein Schmetterlingsbuntbarsch-Paar über seinem Gelege.

liegt bei etwa pH 6,5, der Leitwert bei ungefähr 250 µS/cm.

Solche Aquarien – auch das vorhergehende – sollten nicht stärker besetzt werden, um die Belastung mit Stoffwechselprodukten möglichst niedrig zu halten. Der wöchentliche Wasserwechsel – 40 bis 50 Prozent – ist sowieso unumgängliche Pflichtveranstaltung. Eine UV-Bestrahlung zur Verringerung der Keimbelastung kann hilfreich sein.

Lassen Sie die Pflanzen weg, ließen sich die Wasserwerte ohne Weiteres in Richtung Schwarzwasser schrauben und so auch anspruchsvollere Arten darin erfolgreich vermehren. In diesem hier könnten sich die weniger empfindlichen *Apistogramma*-Arten, *Nannacara anomala* oder *Microgeophagus altispinosus* fortpflanzen und mit ein wenig Glück und Übung auch ihre Jungen großziehen.

Senken wir den pH-Wert und die Härte ein ganzes Stück, dann haben wir das angemessene Milieu für Arten wie *Microgeophagus ramirezi*, *Ivanacara adoketa* oder auch *Apistogramma agassizii*.

Statt üppiger Unterwasservegetation lassen wir Falllaub und Wurzel, vielleicht auch oder gerade ein paar dünnere Äste die Einrichtung bestimmen. Das Wasser soll klar, aber deutlich bräunlich gefärbt sein. Immerhin können wir es auch mit Schwimmpflanzen versuchen; hier wäre *Ceratopteris pteridoides* ein interessanter Kandidat.

6 Diskus und Skalare

Zoologisch betrachtet gehören Diskus (*Symphysodon aequifasciatus*) und Skalar (*Pterophyllum scalare*) schlicht und einfach zu den Buntbarschen; in der Aquaristik nehmen sie aber eine Sonderstellung ein.

Der Skalar spielt seit vielen Jahrzehnten als einer der populärsten Aquarienfische eine Hauptrolle in vielen Gesellschaftsaquarien, während der Diskusbuntbarsch zum Kaninchen der Aquarianer wurde: Zahllose Farbrassen wurden und werden gezüchtet, weltweit auf Ausstellungen präsentiert und konkurrieren auf Wettbewerben um Pokale.

Den Skalar hat es nicht ganz so schwer getroffen. Aber auch hier gibt es neben Schleierformen mit vergrößerten Flossen auch mehrere farblich differenzierte Zuchtvarianten wie Marmor-, Rauch- und Schwarzer Skalar.

Auf Diskusausstellungen, die meist zugleich Wettbewerbe sind, spielt die Einrichtung keine wesentliche Rolle. Hier wird nur der einzelne Fisch bewertet.

In der freien Wildbahn halten sie sich am häufigsten in strömungsarmen, tieferen Gewässerzonen auf, die eine Vielfalt von Rückzugs- und Versteckmöglichkeiten in Gestalt größerer Totholzansammlungen und/oder weit ins Wasser reichender Ufervegetation bieten. Seltener trifft man sie auch in felsigen Zonen und in stärkerer Strömung an. Niemals hingegen leben sie in Bambus- oder Vallisnerienbeständen, was offenbar viele Aquarianer glauben und deshalb ihre Behältnisse so einrichten.

Gut zu wissen

Ob nun Zucht- oder Wildform, Diskus und Skalar gemeinsam ist nicht nur das besondere Hochformat, sondern auch die Ansprüche an ihre Umgebung sind ganz ähnlich, weshalb man sie öfter auch zusammen in einem Aquarium sieht.

Ausnahmsweise hoch

Gehen wir fast immer am günstigsten von einer möglichst großen Bodenfläche des Aquariums aus, müssen wir hier auch in die Höhe denken. Das legt schon die Gestalt der Fische nahe, und schließlich sollen sie ja auch einen ausreichenden Bewegungsspielraum haben. Unter 50 Zentimeter Kantenhöhe sollten wir keinesfalls gehen, mehr ist besser. Wir können das auch guten Gewissens als Gelegenheit begreifen, ein bisschen Extravaganz ins Einerlei der sonst eher flacheren Rechteckformen zu bringen.

Info

In einem einen Meter langen Aquarium lässt sich ein Paar der jeweiligen Art alleine unterbringen. Das entspricht jedoch weniger den Lebensgewohnheiten der Herdentiere. Wir verdoppeln besser die Kantenlänge und setzen einen Trupp von mindestens acht Jungtieren ein, aus denen sich später dann auch harmonierende Paare finden.

Boden und Pflanzen

Als Bodengrund empfiehlt sich feiner Sand, den wir stellenweise mit Falllaub dekorativ abdunkeln. Die Schichthöhe des Sandes richtet sich danach, ob wir Pflanzen einsetzen wollen oder nicht. Da das Aquarium nicht zu grell beleuchtet sein darf, um die Fische nicht zu verschüchtern, ist die Pflanzenauswahl eingeschränkt.

Wasserkelche (*Cryptocoryne*) und Javafarn (*Microsorum*) kommen in Frage, aber auch einige großwüchsige Amazonasschwertpflanzen und neben den immer gern genommenen Zwerg-*Anubias* auch einmal die Arten und Formen, die eine imposantere Größe erreichen, etwa *Anubias afzelii*. Die haben den Vorteil, den Fischen geeignete Flächen für ihre Gelege zu bieten, denn beide Gattungen laichen an senkrechten Substraten, wären also mit größeren aufstrebenden Blättern gut bedient.

Eine Gruppe sechs noch nicht völlig ausgewachsener Brauner Diskusbuntbarsche (*Symphysodon aequifasciatus*) in einem Aquarium von knapp 1000 Litern Inhalt.

Noch junge *Pterophyllum altum* in einer kleineren Gruppe.

Ablaich- und Rückzugsplätze

Wollen wir den ästhetisch unter Umständen unbefriedigenden Tonkegel vermeiden, den Züchter wie Fische gleichermaßen gerne verwenden, und möchten auch kein größeres Grün im Aquarium, muss unbedingt dafür gesorgt sein, dass andere vertikale Strukturen Ablaichmöglichkeiten bieten. Sonst kann es passieren, dass die Fische in ihrer Not die Aquarienscheiben oder sogar den Regelheizer zweckentfremden.

Den natürlichen Bedingungen am nächsten kommen wir mit Totholz, das hier durchaus größere Dimensionen annehmen darf. Damit lassen sich auch vorzüglich abgedunkelte Bereiche schaffen, die die Fische als Rückzugsmöglichkeit unbedingt benötigen. Überhaupt fühlen sich die Fische am wohlsten, wenn sie sich quasi unsichtbar machen können, also einen ausreichenden Sichtschutz zwischen sich und den Betrachter bringen können.

Gut zu wissen

Die Energie, die Sie möglicherweise bei der Beleuchtung eines solchen Aquariums einsparen, müssen Sie bei der Heizung wieder aufwenden, denn die Fische mögen es warm: 28 °C. Und das kostet Kilowattstunden – Diskus- und Skalaraquarien sind keine preiswerte Beschäftigung.

Im Schatten der Pflanzen

Allzu helles Licht von oben lässt sich hervorragend mit Schwimmpflanzen dimmen. Dabei ist aber weniger an Wasserlinsen und ähnlich kleine Gewächse gedacht, vielmehr bieten größere Exemplare von Hornfarn (*Ceratopteris cornuta*), Wasserhyazinthe (*Eichhornia crassipes*) oder Muschelblume (*Pistia stratiotes*) einen Anblick, der den natürlichen Verhältnissen viel näher kommt, denn auch in ihrer Heimat halten sich vor allem Skalare gern unter dichten Schwimmpflanzendecken auf. Für die Überwasserblätter und Blüten von *Eichhornia* und *Pistia* muss allerdings ein gewisser Abstand von der Wasseroberfläche zu Deckscheibe und Lampen eingehalten werden.

Der kranke Diskus

Das Immunsystem der Diskusbuntbarsche ist den natürlichen Gegebenheiten hervorragend angepasst: Wegen der Keimarmut und großen Reinheit ihrer Wohngewässer ist es nämlich sehr schwach ausgebildet, schwächer als das vieler anderer Fische aus ähnlichen Verhältnissen.
Gegen die in der Natur nahezu allgegenwärtigen Parasiten größeren Kalibers – Würmer, Krebsartige, Flagellaten – kann sich ihr Organismus in der Natur dagegen ausreichend zur Wehr setzen.
Im Aquarium kommt neben den ungewohnten und manchmal eben nicht optimalen Haltungsbedingungen vor allem der sehr viel höhere Keimdruck des Wassers als Stressfaktor ins Spiel. Die Schädlinge gewinnen leicht die Überhand.
Nützlich ist hier ein UV-Wasserentkeimer – allerdings nicht ein so schwacher, wie er im Gartenteich zur Algenbekämpfung eingesetzt wird, sondern ein deutlich leistungsstärkeres Gerät. Das steigert natürlich die Energiekosten, die durch die notwendigen Temperaturen ohnehin schon deutlich höher liegen als beim normalen Warmwasserfreund.
Böse erste Anzeichen einer Erkrankung bei *Symphysodon* – wie bei allen Aquarienfischen – sind Absondern von der Gruppe, Teilnahmslosigkeit, Dunkelfärbung und Nahrungsverweigerung. Wenn es nicht jetzt schon zu spät sein sollte, ist hier die letzte Möglichkeit, die Pflegebedingungen dramatisch zu verbessern – natürlich neben der sofortigen Behandlung der erkrankten Fische.

Wildfänge des Braunen Diskusbuntbarschs (*Symphysodon aequifasciata*).

Obwohl *Symphysodon aequifasciatus* auch in Klarwasser vorkommt und *Pterophyllum scalare* sogar trübes Weißwasser bewohnen kann, ist eine Huminstoffbeigabe nicht nur wegen ihrer ‚medizinischen' Wirkung, sondern auch wegen der – je nach Dosierung – schwachen bis deutlichen Braunfärbung nicht nur von Nutzen. Sie stellt auch eine weitere Möglichkeit der optischen Gestaltung dar.

Vergesellschaftung

Die Empfehlungen laufen fast immer auf Zwergbuntbarsche – bevorzugt *Apistogramma* – und Harnischwelse hinaus. Sehr oft sieht man Skalare mit Neonsalmlern zusammen. Das alles ist eher problematisch.

Wenn *Apistogramma* brüten und Junge führen, setzen sie sich auch gegen wehrhaftere Arten als *Symphysodon* und *Pterophyllum* durch. Das bedeutet in engeren Räumlichkeiten ziemlichen Stress für die größeren Fische. In sehr großen Aquarien lässt sich das vermeiden, indem Sie eine deutliche Gliederung vorgeben und einen Teil der Fläche so gestalten, dass er über freiem Boden Deckung hauptsächlich von oben bietet, während Sie für die Zwergcichliden eine oder mehrere Zonen mit vielen kleinräumigen Verstecken und Höhlen am Boden vorsehen.

Wenn Diskusbuntbarsche auf der Seite liegen, kommt Hilfe meistens zu spät.

Harnischwelse geraten auch während ihrer Brutpflege nicht mit den Buntbarschen aneinander, entwickeln aber einen gesunden Appetit auf Cichlidengelege, dem sie dazu meistens nachts nachgeben. Allzu große Hoffnungen auf Skalar- oder Diskusnachwuchs sollten Sie dann besser nicht hegen.

Keine Zuchtform, sondern eine außergewöhnlich gefärbte natürliche Variante: *Pterophyllum* cf. *scalare* „Manacapuru", im Handel als Rotrückenskalar.

Neon- und andere kleine Salmler werden wiederum von ausgewachsenen Skalaren gerne als Zubrot betrachtet. Gerade Skalare sind ausgesprochen geschickte Fischjäger und auch im Pflanzen- oder Wurzelgewirr äußerst wendig.

Bessere Gesellschaft

Gut geeignet sind oberflächenorientierte Fische, größere Beilbauchsalmler etwa. Auch Panzerwelse (*Corydoras*) mit denselben Wasseransprüchen sind harmlose Gesellschafter, nur würden deren Gelege dann von den Buntbarschen verspeist. Da müssen Sie schon Prioritäten setzen.

Daneben kommen aber auch durchaus Vertreter anderer Welsfamilien – etwa Bratpfannenwelse, Dornwelse, Falsche Dornwelse, Antennenwelse – in Betracht, zumal Sie dann auch etwas ausgefallenere Beobachtungsobjekte studieren können.

Die beste Vergesellschaftung stellt aber immer die eigene Art im großen Aquarium dar. Diskus und Skalare leben in sozialen Verbänden, und die brauchen sie auch im Aquarium. Nur zur Fortpflanzung sondern sich Paare ab.

Für eine ausreichend große Herde von acht bis zwölf Exemplaren benötigen Sie viel Platz und dann keine anderen Fische mehr. Lebt nur ein Paar der Buntbarsche im Aquarium, sind andersartige Gesellschafter sogar sehr nützlich, denn die besonders während der Brutpflege höhere Aggressionsbereitschaft der Eltern kann sich dann nach außen richten, während es sonst bisweilen zu Streitereien untereinander kommt.

7 Große Amerikaner

Bei den großen südamerikanischen Buntbarschen haben wir es mit einer derartigen Vielfalt zu tun, dass wir nicht alle mit demselben Ambiente beglücken können. So müssen wir schon beim Wasser häufiger als anderswo bestimmte Werte einhalten. Dazu kommen die unterschiedlichen Verhaltensweisen von der Intensität der Revierverteidigung bis zur jeweiligen Vermehrungsstrategie. Und manchmal erzwingt schon die Ernährungslage die Innenarchitektur, etwa wenn wir bei Vegetariern auf die Bepflanzung verzichten müssen.

Als große Südamerikaner betrachten wir hier völlig unwissenschaftlich diejenigen Arten, die alle länger als zwölf Zentimeter werden, sich zwecks Fortpflanzung paarweise absondern, ein Brutrevier gründen und dabei mehr oder weniger wie ein normaler Fisch aussehen. Die westlich der Anden lebenden Cichliden lassen sich aquaristisch (und evolutionsgeschichtlich) besser den mittelamerikanischen Buntbarschen zuordnen .

Die Platzfrage

Die erste unbedingte Forderung ist die nach ausreichend Raum. Das Aquarium muss groß sein, und unter ‚groß' ist kein sogenanntes Meterbecken mehr zu verstehen. Am besten fangen Sie unter 1,50 Meter Länge gar nicht erst an.

Wichtig ist dabei vor allem die möglichst große Grundfläche, denn die Brutreviere können recht umfangreich ausfallen. Sind dann noch andere Fische zugegen, muss für die mindestens eine Zone vorhanden sein, in der sie sich ohne Bedrohung durch die Revierinhaber aufhalten und auch bewegen können.

Ganz sollten Sie die Höhe des Aquariums auch nicht aus den Augen verlieren, denn ab etwa 50 oder 60 Zentimeter Wassersäule reicht ein Revier kaum noch bis zur Oberfläche, sodass Sie dann mehr Raum für alle anderen Fische gewonnen haben.

Gut zu wissen

Natürlich bedeutet ein höheres Aquarium auch ein größeres Gewicht. Darum sollten Sie vorher rechnen und eventuell einen Architekten fragen, ob die Tragkraft der Zimmerdecke ausreicht. Kelleraquarianer berührt so etwas nicht.

Caquetaia spectabilis ist zwar ein Räuber, aber eher friedlich zu Fischen, die zu groß zum Fressen sind.

Geophcgus, im Bild *G. altifrons*, heißt übersetzt Erdfresser, woraus man schließen kann, dass der Bodengrund dazu auch geeignet sein muss.

Sand!

Nicht nur für *Geophagus*-, *Satanoperca*- und andere Arten, die unentwegt im Bodengrund nach Fressbarem fahnden, ist grobes und/oder scharfkantiges Material zugleich grober Unfug. Gruben, manchmal auch umfangreiche Höhlen, legen auch fast alle anderen Buntbarsche an, um geschützte Laichplätze zu schaffen oder ihre Jungen während der Pflegephase zur Nacht unterzubringen. Das geht natürlich am besten mit feinem Kies oder Sand.

Zu dünn sollte die Schicht auch nicht sein, denn wenn nach wenigen Zentimetern Buddelei der Glasboden sichtbar wird, irritiert das die Fische

Grafisch dargestellt: So könnte ein großes Buntbarschaquarium eingerichtet sein.

Crenicichla saxatilis ist mit etwa 25 Zentimetern Gesamtlänge ein mittelgroßer Hechtbuntbarsch, der nicht nur Platz, sondern unbedingt auch Höhlen benötigt.

zwar meist weniger, den Betrachter aber schon.

Der Sand wird gründlich ausgewaschen. Irgendwelche Rücksichten auf Pflanzen müssen wir nicht nehmen, also entfallen auch alle sonstigen Zusätze. Damit ersparen wir uns Trübungen, die sonst ziemlich langwierige Beeinträchtigungen der Optik mit sich bringen könnten.

Innenarchitektur

Man liest oft den Ratschlag, schon bei der Einrichtung mögliche Reviergrenzen vorzugeben. Wenn Ihnen das ein wenig als Alibi vorkommt, möglichst viele Cichliden in einem Aquarium unterzubringen, liegen Sie wahrscheinlich gar nicht so falsch, denn meistens haben die Fische ganz andere Ansichten von Reviergrenzen als der Aquarianer.

Gehen Sie den viel praktischeren und auch für alle Beteiligten vorteilhafteren Weg, nur wenige Exemplare – vielleicht sogar nur einer Art – zu pflegen und tragen zugleich dem Rückzugsbedürfnis der Fische Rechnung, wird das Ergebnis sehr viel ansehnlicher ausfallen. Unmotiviert herumstehende Gartenzäune in Form von Stein- oder Wurzelbarrieren erwecken dann eben nicht den Eindruck, dass hier rivalisierende Schrebergartennachbarn miteinander auskommen sollen.

Deckung

Dem Rückzugsbedürfnis kommen Sie mit Wänden und Dächern entgegen, die den Fischen einen Sichtschutz nach vorne und oben bieten. Solche Begrenzungen stellen Sie natürlich nicht mit Ziegeln und Schindeln her – obwohl auch das ginge und für Höhlenbewohner und -brüter als sozusagen funktionales Design sogar ganz gut machbar ist, sondern mithilfe von Steinen, Wurzeln und auch Pflanzen. Das sieht nicht nur natürlicher, sondern auch besser aus.

Gut zu wissen

Leben nur wenige Fische im Aquarium, genügt es oft, ein paar größere Dekorationsstücke – Steine oder Wurzeln – ein Stück vor der Rückwand so zu positionieren, dass sich die Fische dahinter aufhalten können, ohne von außen gesehen zu werden.

Für *Crenicichla*, die sich nach dem Stadium der Jugendbande mehr und mehr vereinzeln und sich untereinander zunehmend aggressiver gebärden, empfiehlt es sich, nicht nur in Bodennähe Höhlen

Heros-Arten, hier der Klassiker *Heros efasciatus*, leben zumindest zeitweise als Vegetarier. Pflanzen haben in ihrem Aquarium kaum eine Chance.

Flaggenbuntbarsche, hier *Mesonauta egregius*, naschen bisweilen am Grünzeug, verursachen aber keinen größeren Flurschaden.

Keilfleckbuntbarsche wie *Uaru amphiacanthoides* sind radikale Pflanzenfresser, ansonsten aber sehr friedlich und vorbildliche Eltern.

einzubauen. Röhren, die ziemlich knapp unterhalb des Wasserspiegels aufgehängt sind, bieten gejagten Tieren Schutz.

Dem altbekannten Rat, größere und vor allem schwerere Dekorationsstücke direkt auf dem Aquarienboden zu positionieren und nicht oben auf den Sand zu legen, sollten Sie ruhig folgen. Auch bei weniger ausgedehnten Grabungen können Steine ins Rutschen geraten und wenn schon nicht die Scheiben zum Springen bringen, so doch eventuell Fische einklemmen und verletzen. Jedweder Versuch der Bodengestaltung ist hier besonders überflüssig, denn neben den einebnenden Kräften der Zeit und der Wasserbewegung kommen die gestalterischen Fähigkeiten der Fische zum Tragen.

Die Technik

Die Beleuchtung in einem solchen Aquarium muss kein stromfressendes Gerät sein. Wählen Sie Pflanzen – so überhaupt welche vorgesehen sind, die nur bescheidenere Ansprüche an das Licht stellen, kommen Sie mit sparsamen Leuchtstoffröhren in der Minimalkonfiguration aus.

Auch der Filter muss kein Monstrum sein, das über enormes Volumen und eine gewaltige Pumpe verfügt. Wird der Inhalt des Aquariums ein bis zwei Mal pro Stunde umgewälzt, genügt das vollkommen. Setzen Sie vor den Filtereinlauf einen Vorfilter, der sich bequem bei jedem Wasserwechsel ausspülen lässt, muss auch das eigentliche Filtersubstrat nur selten durchgewaschen werden.

Beim Heizer sollten Sie auf Sicherheit setzen, denn große Buntbarsche wie *Astronotus* können mit plötzlichen Bewegungen einen Glasstab, wie ihn die meisten Heizermodelle darstellen, schon einmal heftig gegen die Aquarienwand schleudern. Bei heute fast immer verwendeten Sicherheitsglas wird in den allermeisten Fällen nichts passieren, Sie fühlen sich aber bestimmt wohler, wenn der Heizer entweder ein stabiler Metallstab wie die leistungsstarken Titan-Teichheizer ist oder über ein Schutzgitter verfügt, das rabiaten Kontakten die Gefährlichkeit nimmt.

Kein Grün?

Über Pflanzen äußern sich Freunde größerer Buntbarsche oft ein wenig herablassend, obwohl Vegetation auch hier sowohl nützlich als auch ansprechend wirkt. An den Rändern des Aquariums,

Gut zu wissen

Vorsicht bei Vegetariern: Keilfleckbuntbarsche (*Uaru*) fressen auch die als eher hart geltenden Arten mit Stumpf und Stiel. *Heros*- und *Mesonauta*-Arten neigen ebenfalls dem Grünzeug zu, allerdings in geringerem Ausmaß und eher anfallsweise.

auf festen Substraten, aber auch in Gestalt robuster Großgewächse lassen sich durchaus Pflanzen kultivieren.

Der Versuch, unverwurzelte Pflanzen in Töpfen, womöglich noch mit einer oberflächlichen Bodenabdeckung gröberen Kieses, die ein Wühlen der Fische verhindern soll, es aber kaum tut, ergibt eher scheußliche Anblicke, selbst wenn die Topfpflanzen gedeihen sollten. Es bleibt der Eindruck einer etwas fantasielos gestalteten Vorgartenlandschaft.

Im Boden verankerten Gewächsen sollten Sie genügend Zeit zum Festwurzeln geben, bevor Fische einziehen, die in der Lage sind, sie wieder rauszuziehen. Größere Amazonasschwertpflanzen brauchen dazu kaum mehr als zwei Wochen, Riesenvallisnerien eher weniger. Großen Cryptocorynen, die wie *Cryptocoryne aponogetifolia* ebenfalls gut geeignet sind, müssen Sie erheblich mehr Zeit gönnen.

Sicher sind meistens auf Holz oder Stein festgewachsene Pflanzen. Obwohl geografisch unpassend, sind Javafarn und *Anubias* hier immer noch die beste Wahl.

Letztendlich muss man zugeben, dass Grün hier als Dekoration ein Zugeständnis ans Gartenhafte ist, das das Publikum im Zusammenhang mit Aquarium erwartet – es sieht halt schöner aus.

Die praktische Umsetzung

Nehmen wir als Klassiker Pfauenaugenbuntbarsche (*Astronotus*), die mit ihrer Größe, ihrem Raumbedarf und ihrem Stoffwechsel alle Krite-

In der Jugend sehr gefräßig und manchmal unduldsam, später eher souverän und gelassen: der Pfauenaugenbuntbarsch (*Astronotus ocellatus*).

Maulzerren ist eine anstrengende, aber ungefährliche Form der Auseinandersetzung. Hier messen sich ein *Krobia* sp. „Rotauge“ und ein *Andinoacara* aus der *A. pulcher*-Gruppe.

Ein *Aequidens diadema*-Paar bewacht seine Jungen.

rien erfüllen, die an große Buntbarsche gestellt werden, dann sollten wir mit einem Aquarium nicht unter 150 Zentimeter Länge anfangen. Besser wäre ein Behältnis von 200 × 60 × 60 Zentimetern, also gut 700 Litern Inhalt.

Da hinein packen wir zehn bis zwölf Eimer Sand und bekommen so eine Schicht von ungefähr zehn Zentimetern Stärke. Ein paar wirklich große Wurzeln bilden vor der Rückwand eine ansehnliche Kulisse und geben den Fischen Schutz. Größere, flache und glatte Steine werden wie absichtslos, aber eben nach optischen Gesichtspunkten verteilt und bis zur Bodenscheibe in den Sand eingelassen.

Wollen wir aufs Grün für die Augen nicht verzichten, können wir die Variante mit den Aufsitzern Javafarn oder *Anubias* wählen, aber auch ein paar solide *Echinodorus* so einpflanzen, dass sie den Fischen nicht im Weg sind. Sollten sie das doch sein, werden die *Astronotus* uns das alsbald zu verstehen geben, und wir können dann entweder roden oder durch Umsetzen der Gewächse versuchen, die Fische milder zu stimmen.

Weniger ist mehr

Ein kleiner Exkurs, der nicht nur für Pfauenaugenbuntbarsche gilt: Manchmal bekommt man ein harmonierendes Paar, das sich bereits länger kennt und auch schon erfolgreich vermehrt hat. In der Mehrzahl der Fälle wird sich die Harmonie im neuen Aquarium fortsetzen, es kann aber auch zu plötzlichen Streitereien kommen, die bis zur andauernden Unverträglichkeit führen können.

Die bewährte Methode, nach der man sich eine Gruppe von mindestens sechs Jungtieren anschafft, aus der heraus sich ein Paar finden soll,

Wenn die Größenverhältnisse der Fische untereinander stimmen und ausreichend Platz vorhanden ist, verhalten sich Buntbarsche keineswegs als Raufbolde. Hier verträgt sich eine Gesellschaft aus Cichliden, Salmlern und Welsen.

ist im Ergebnis zuverlässiger, auch wenn Sie deutlich mehr Geduld aufbringen müssen. Geduld nicht nur bis zum Ergebnis, sondern auch mit den Auseinandersetzungen der Halbstarken untereinander. Oft werden die Auseinandersetzungen der heranwachsenden Fische und die Kämpfe, die sich bis zur Paarbildung abspielen, ernsthafter und entschlossener geführt als die Streitigkeiten, die sich später an Reviergrenzen zutragen. Meistens sind erwachsene Fische nicht mehr so häufig in Kämpfe verwickelt, was aber natürlich in erster Linie vom Besatz, der Einrichtung und Größe des jeweiligen Aquariums abhängt.

Hat sich ein Paar zusammengerauft und verspricht ein künftiges harmonisches Miteinander, geben Sie die überzähligen Exemplare in gute Hände ab, die Sie am besten schon im Vorfeld gesucht und gefunden haben.

Vergesellschaftung

Am besten vergesellschaften Sie gar nicht. In der immer räumlichen Enge eines Aquariums liegen Individual- und Fluchtdistanzen meist schon außerhalb der Grenzen des Glaskastens. Trotzdem sind Welse häufig Mitbewohner in Buntbarschaquarien, obwohl viele Arten besonders gerne den Laich und später manchmal auch die Jungen der Cichliden verspeisen.
Das fällt dann nicht so sehr ins Gewicht, wenn das Aquarium neben der erforderlichen Größe auch die nötige Inneneinrichtung mit den Verstecken für die Welse bietet und Sie auf zahlreichen Buntbarschnachwuchs keinen gesteigerten Wert legen. Zum einen werden Sie mehrere hundert junge Cichliden kaum aufziehen wollen und zum anderen hinterher kaum Abnehmer für den Segen finden.
Erfüllen Welse die Funktion von Feindfischen, die von verpaarten Cichliden als gemeinsame Gegner betrachtet werden und daher den Zusammenhalt erhalten helfen, schon recht gut, gibt es aber auch etwa Salmler, die mit der erforderlichen Größe keine Beute darstellen, das Bild aber durch ihr Gruppenverhalten ungemein beleben können.
Andere Cichliden kommen erst dann in Frage, wenn Platz wirklich keine Rolle bei der Größe des Aquariums mehr spielt. Dann können Sie erleben, wie sogar als besonders aggressiv geltende Arten sich um ihre Nachbarn kaum mehr kümmern, weil die ihnen eben nicht mehr zu nahekommen müssen.

8 Mittelamerikanische Buntbarsche

Die mittelamerikanischen und – mit Einschränkungen – die in Südamerika westlich der Anden vorkommenden Cichliden sind ein Kapitel für sich. Zwar ist auch hier die Variationsbreite enorm und deshalb kein allein seligmachendes Standardaquarium vorrätig, aber es gibt auch einige Gemeinsamkeiten, die ihre Vettern aus den ostandinen Tropen nicht teilen.

Die kleiner bleibenden Arten sind meist – nicht immer – auch mit kleineren Revieren zufrieden, sodass sich Regenbogencichlide (*Herotilapia multispinosa*), Zebrabuntbarsch (*Amatitlania* – früher „*Cichlasoma*“ – *nigrofasciata*), *Thorichthys*-Arten und einige andere auch schon in Aquarien ab 80 Zentimeter Länge unterbringen lassen.

> **Gut zu wissen**
>
> Wasserwerte spielen für diese Cichliden bei weitem nicht die Rolle, die sie bei vielen südamerikanischen Fischen haben.

Wichtig ist eine deutlich strukturierte Einrichtung, die neben unterschiedlichen Rückzugsmöglichkeiten für bedrängte Fische auch Stellen aufweist, die in geschützter Lage mit einem flachen Substrat als Laichplatz dienen können. *Herotilapia multispinosa* lässt sich allerdings auch zu senkrechten Flächen überreden, *Amatitlania nigrofasciata* mag lieber Höhlen.

Eine Vergesellschaftung mit robusteren Lebendgebärenden ist nicht nur möglich, sie schafft auch eine willkommene Abwechslung für brutpflegende Paare, die ihre Aufmerksamkeit auf diese Fische richten müssen, statt sich in Ermangelung wirklicher Feinde untereinander zu zerstreiten.

Beim Zoofachhändler kann es schon einmal Gedränge geben, eine Dauerlösung zu Hause sollte das aber nicht sein.

Größer, größer, größer

Bei den größeren und großen Cichliden sieht es im Prinzip ganz ähnlich aus, nur muss der Aquarianer hier in anderen Dimensionen denken. Dabei geht es in erster Linie um die Größe des Behälters. In wahrhaft riesigen Aquarien verlieren sich mit der Weitläufigkeit der Reviere die Unverträglichkeiten auch berüchtigter Arten. Dabei dürfen wir allerdings Nahrungspräferenzen nicht mit Aggressionspotenzial verwechseln.

Die hauptsächlich vegetarisch lebenden *Vieja*-Arten etwa können nicht nur untereinander ausgesprochen ungemütlich werden, während der große, spezialisierte Fischfresser *Petenia splendida* ein ausgesprochen schüchterner Geselle ist.

Ist kein Platz für ein fünf Meter langes Aquarium vorhanden, müssen Sie sich eben bescheiden und zum kleinen Zwei-Meter-Modell greifen. Darunter sollten Sie allerdings wirklich nicht anfangen, denn es muss genügend Raum für mehr als ein Paar darin sein.

Ein leichter Überbesatz hilft – nicht nur wie im Malawiseeaquarium, die Aggressionen breiter zu

Groß, schön, aber nicht unbedingt friedlich: *Vieja synspila*.

Ein mit höchstens 15 Zentimetern Gesamtlänge eher kleiner, friedlicher, aber auch etwas empfindlicherer Mittelamerikaner: *Thorichthys aureus*.

„*Cichlasoma*" *pearsei* wird mit 40 Zentimetern Gesamtlänge recht groß, frisst Pflanzen, bleibt aber friedlich.

Thorichthys meeki.

verteilen, sodass nicht ein bestimmter Fisch zum Underdog für alle wird. Da hilft dann auch keine zerklüftete Felslandschaft, die Sie zusätzlich noch mit Totholz vollgestopft haben. Manche Fische gehen gezielt auf die Suche nach dem Unterlegenen, um ihn endgültig aus ihrem Revier zu vertreiben. Im Aquarium endet das tragisch. Aber auch bei der Überbesatz-Variante kann sich ein Tyrann herausbilden, dem sich nach dessen Entfernung der nächste anschließt – also auch kein Universalrezept.

Eher ein Notbehelf ist die genau entgegengesetzte Innenarchitektur, die eigentlich gar keine ist. Außer Sand oder Kies auf dem Boden gibt es nämlich nichts, woran sich die Fische orientieren und so ihre Reviergrenzen abstecken könnten. Die Fische bleiben beieinander, sie fangen an zu schulen. Das ist aber eher ein Zeichen für Unwohlsein, und das stellt sich auch beim Betrachter nach einer Weile ganz bestimmt ein. Aber für eine Übergangslösung lässt sich das einmal in Kauf nehmen.

Gut zu wissen

Der gangbarste Weg bleibt ein möglichst großes, mit Steinen, Wurzeln und je nach Gusto vielleicht auch Pflanzen eingerichtetes Aquarium, in dem eine nicht zu große Zahl gleichwertiger Gegner möglichst stressarm leben kann.

9 Malawiseeaquarien – einfach nur Steinhaufen?

Beim Stichwort Malawisee denkt der Aquarianer an blaue und gelbe Fische vor Felswänden. Abgesehen davon, dass es durchaus unterschiedliche Habitate im See gibt, von denen sich einige weitere durchaus für die Übertragung ins Aquarium eignen, bleiben die weitaus meisten aquaristisch verbreiteten Buntbarscharten aus dem See fest mit Felsküste, Sandboden oder dem Übergang von einem zum anderen verbunden.

Besonders beliebt sind die Buntbarsche des Felslitorals, die sich vom Aufwuchs ernähren, der dort auf den Steinen gedeiht. Nach der einheimischen Bezeichnung werden sie auch in der Aquaristik Mbunas genannt.

Alle Arten sind Maulbrüter im weiblichen Geschlecht; die Männchen haben nach der Paarung nichts mehr mit dem Nachwuchs zu schaffen, sondern bedrängen auch die tragenden Weibchen. Als Konsequenz daraus sollten im Aquarium genügend Rückzugsmöglichkeiten in Form kleinräumiger Verstecke und/oder genügend großer Distanz vorhanden sein. Dazu bieten schmale Spalten und Ritzen in der Dekoration den entlassenen Jungfischen Schutz vor dem Appetit der größeren Aquarienbewohner.

Es gibt einige Arten, die nicht sehr groß werden, sich auch eher friedlich gebärden, für die ein Behälter von 80 oder 100 Zentimetern Kantenlänge ausreicht. So sind etwa *Iodotropheus sprengerae* oder *Labidochromis* „Yellow" geeignete Fische hierfür.

Männchen von *Copadichromis borleyi* „Kadango".

Tyrannochromis nigriventer, Männchen.

Gut zu wissen

Mbunas pflegt man nicht paarweise, sondern möglichst in einer Gruppe von einem Männchen und mehreren Weibchen. Ist das Aquarium geräumig genug, hat auch ein zweites Männchen eine Chance. Für Ablenkung und Aggressionsverteilung sorgen auch andere Arten, die aber alle einander charakterlich gewachsen sein müssen.

Sardinenbüchse?

Ein wesentlicher Reiz des Malawiseeaquariums liegt jedoch in der Vergesellschaftung verschiedener Arten, die auch größer und robuster sein können. Das buntere Bild kommt den natürlichen Verhältnissen oftmals näher, hat aber auch einen ganz einfachen praktischen Nutzen für den Frieden im häuslichen Aquarium: Je mehr Männchen ihr eigenes, bei steigender Konkurrentenzahl immer kleiner werdendes Laichrevier besetzt halten und verteidigen müssen, desto weniger kommen sie dazu, sich auf einen oder wenige Konkurrenten zu konzentrieren oder unausgesetzt den Weibchen hinterherzujagen. Schaden ist von den Schwachen abgewendet, auch wenn die stärkeren es dabei nicht leichter haben.

Um den Stress nicht zu groß geraten zu lassen, ist auch bei der Individuenzahl natürlich Maßhalten Pflicht. Aber etwas mehr, als gemeinhin dem Aquarianer anderer Provenienzen empfohlen wird, darf es schon sein.

Natürlich sollten Sie dann den Behälter so groß wie möglich wählen und unter 150 Zentimeter Länge gar nicht erst anfangen. Auch die Tiefe

Von blauen und gelben Fischen übervölkerte Felswand, so stellen sich viele das typische Malawiseeaquarium vor.

Labidochromis sp. „Yellow" (gelb) und *Pseudotropheus demasoni* (blau) in einer der Natur entsprechenden Umgebung.

spielt eine Rolle, denn die unvermeidliche Felsrückwand nimmt einigen Raum ein und verkleinert so den Schwimmraum und die Bodenfläche, reduziert somit auch den Gestaltungsspielraum für den Aquarianer. Selbst die Höhe sollte nicht zu knapp bemessen werden, denn zum einen wirkt eine 30 Zentimeter hohe Felswand nicht besonders imposant und zum anderen werden unterlegene Fische, die sich genügend weit über dominanten revierverteidigenden Männchen aufhalten, nicht verfolgt.

Eine Variante, die sich gerade bei Malawiseeaquarien anbietet, ist die Verlagerung der ‚Rückwand' an eine Seite des Behälters. Bei genügender Größe lässt sich so vor allem die Übergangszone vom Fels- zum Sandhabitat glaubhaft nachbilden, was besonders eindrucksvoll wirkt, wenn das Aquarium als Raumteiler aufgestellt wird, also mit einer Schmalseite an der Wand steht.

Behältervarianten

Steht ausreichend Raum – und Geld – zur Verfügung, lassen Sie sich eine Sonderanfertigung mit einem quadratischen Grundriss aufstellen. Wenn Sie noch mehr ausgeben möchten, bestellen Sie ein rundes Acrylglasaquarium. Darin bauen Sie ein Felsenriff so auf, dass es wie eine Insel – oder wenigstens Halbinsel, wenn es von einer Schmalseite ins Aquarium reicht, in der Mitte des Behälters bis zur Wasseroberfläche aufragt und rundherum genügend Schwimmraum für die Fische lässt.

Natur oder Imitation?

Zünftig mit ausufernden Felswänden eingerichtet bringt es ein Malawiseeaquarium, besonders ein großes, auf ein furchterregendes Gewicht, das den meisten Zimmerdecken nicht so ohne Weiteres zugemutet werden sollte. Dem einzuholenden Rat des Statikers sollten Sie also unbedingt folgen.

Gewicht sparen lässt sich hervorragend, indem Sie das natürliche Material Stein durch Nachahmungen ersetzen. Das können hausgemachte Rückwände und Felsbrocken aus Styropor, Styrodur oder ähnlichen Stoffen sein. Mit ein bisschen Geschick kommt ein durchaus ansehnliches Ergebnis zustande, es kann jedoch zu eher scheuß-

Gut zu wissen

Schon um die Bodenscheibe zu schützen, empfiehlt es sich sehr, massivere Felsaufbauten auf einer flachen und festen Unterlage aus Stein oder Kunststoff aufzubauen, die direkt auf dem Glasboden liegt. Dadurch verteilt sich der sonst vielleicht gefährlich auf einen Punkt konzentrierte Druck auf eine größere Fläche.

lichen Resultaten führen, wenn Sie kein Händchen für eine solche handwerkliche Gestaltung mitbringen.

Es gibt auch fertige ‚Kunstfelsen' und 3-D-Rückwände. Zwar bestehen auch da erhebliche Qualitätsunterschiede, greifen Sie aber tief genug in den Geldbeutel, ist ein Unterschied zum Original optisch nicht mehr feststellbar. Zudem lassen sich mit den ebenfalls erhältlichen Modulen nicht nur eine Rückwand gestalten, sondern die Felsformation auch im Mittel- und Vordergrund fortsetzen,

Adriatisches Lochgestein in einem Malawiseeaquarium.

Aulonocara baenschi, Zuchtform „Chipoka".

was der ästhetischen Wirkung der Szenerie überaus zugute kommt.

Erst schauen, dann bauen

Stapeln Sie keine Unmengen kleinerer Steine, weder echte noch künstliche, übereinander, das sieht aus wie eine nass gewordene Trockenmauer. Auch Platten, die nur mit mehr oder weniger regelmäßigen, flachen Mulden versehen worden sind, wirken ziemlich hässlich und unnatürlich. Verlassen Sie sich nicht auf Ihre Fantasie.

Betrachten Sie stattdessen vor der Fertigung von Eigenfelsen Abbildungen der natürlichen Habitate. Dabei lässt sich leicht feststellen, dass es im Malawisee kein adriatisches Lochgestein gibt. Und besuchen Sie einen Steinbruch, eine Felsschlucht oder ein felsiges Steilufer. Schauen Sie sich die Gesteinsformationen und den Verlauf sowie die Lage und Schichtung der am Fuß der Wände liegenden Brocken genau an. Machen Sie ein paar Fotos von den Stellen, die Sie für geeignete Vorbilder halten. Bessere Modelle lassen sich nicht finden. Jetzt schalten Sie Ihre Fantasie ein.

Pflanzen?

In den Felshabitaten des Malawisees wachsen keine höheren Pflanzen, dort herrscht der Aufwuchs. Das ist eine Schicht, die auf dem Steinsubstrat gedeiht und sich aus einer Algendecke und den darin lebenden Mikro- und Kleinorganismen zusammensetzt und die Nahrung der felsbewohnenden Cichliden (Mbunas) darstellt.

Den Mbunas im Aquarium ist es vollkommen gleichgültig, ob da etwas größeres Grünes herumsteht, dem Betrachter vor dem Aquarium eher nicht. Der mag Grün, meistens weil es seiner Meinung nach einfach dazugehört. Pflanzen in einem Mbuna-Aquarium sind also nichts anderes als eine Konzession an ein Vorurteil. Und so wirken oft auch aufgebundene *Anubias* eher als mickriges Alibi, als dass sie den Anblick verschönern. Wenn Sie schon Ihrem Geschmack die Zügel schießen lassen wollen, dann bitte etwas üppig und so, dass es halbwegs so aussieht, als könnte es wirklich so gewachsen sein. Das gilt selbstredend auch für alle anderen Pflanzen, die unbedingt ins Malawiseeaquarium sollen.

Allerdings bedecken im See wiesenartige Bestände oft weite Flächen auf eher ebenem Sandboden. Sie bestehen vor allem entweder aus Vallisnerien (*Vallisneria spiralis*), Laichkraut (*Potamageton schweinfurthii*), Hornkraut (*Ceratophyllum demersum*) oder Tausendblatt (*Myriophyllum spicatum*).

Die Vallisnerien lassen sich leicht beschaffen, Tausendblatt auch, Hornkraut sowieso; nur mit der richtigen *Potomageton*-Art sieht es anders aus, aber vielleicht helfen da Ausdauer und Jagdglück. Jedenfalls lässt sich mit größeren Pflanzeninseln ein hübscher Kontrast zu den Steinaufbauten herstellen. Sie bezeichnen das Aquarium dann als Übergangszone von Fels- zum Sandlitoral – die ja wirklich ein nachahmenswertes Habitat darstellt – und dürfen auch *Aulonocara* darin pflegen.

Placidochromis electra von der Ostküste des Malawisees.

Placidochromis phenochilus.

Utaka und andere

Auch Utaka ist eine einheimische Vokabel und bezeichnet die im Freiwasser lebenden, Plankton fressenden Buntbarsche, die in manchmal riesigen Schwärmen leben und nur zur Fortpflanzung die Nähe fester Substrate suchen, wo die Männchen kleine Laichreviere auf den Steinen oder im Sand verteidigen. Im Aquarium hat das zur Konsequenz, dass neben geeignetem Untergrund und Felsgedöns viel freier Schwimmraum zur Verfügung stehen muss, das Aquarium also trotz der relativen Verträglichkeit und der eher geringen Größe der Fische verhältnismäßig geräumig sein muss. Vor allem die Bodenfläche ist für *Lethrinops*-Arten wichtig, da bei dieser Gattung die Männchen regelrechte Sandburgen bauen, um den Weibchen zu imponieren und sie zur Paarung dort hineinzulocken. Ohne eine dicke feine Sandschicht geht hier nichts.

Imposante Gestalten sind die Fischfresser des Felslitorals, die zugleich ein eher unverträgliches Gemüt zeigen. Besonders große Aquarien, nicht zu kleine artfremde Fische – es sei denn als Futter – und ein ausgewogenes Geschlechterverhältnis von mindestens zwei Weibchen auf das eine Männchen im Aquarium sind Grundbedingungen.

10 Tanganjikasee

Die Unterwasserlandschaften des Tanganjikasees bieten ganz ähnliche Ansichten wie die des Malawisees. Aber während die Topografie sich ähnelt und auch in beiden Seen unzählige endemische Buntbarscharten leben, unterscheiden sich die Faunen doch erheblich voneinander.

Die Cichliden des Tanganjikasees bieten ein sehr viel facettenreicheres Bild als die Nachbarn im Malawisee. Das freut den Aquarianer, hat aber natürlich Konsequenzen bei der Gestaltung des Lebensraumes im Kleinen. Dazu kommt, dass es unter den Buntbarschen dort ein paar fürs Aquarium eher problematische Kandidaten gibt, die es aber zum Teil trotzdem bis zum Kultstatus gebracht haben.

Gemeint sind natürlich die *Tropheus*-Arten, die im See in lockerer Paargemeinschaft innerhalb eines großen Männchenreviers leben, während sie im Aquarium als Harem mit einer sehr labilen Rangordnung gehalten werden. Obendrein wird diese Rangordnung durch den Aquarianer fortlaufend durcheinandergebracht, weil er maulbrütende Weibchen herausfängt, um die lukrative Brut gesondert aufziehen zu können.

Wird solch ein Weibchen zurückgesetzt, findet es sich an unterster Stelle der Hierarchie wieder, wird gnadenlos bekämpft und muss oft mit dem Leben büßen. Dazu kommt noch die quecksilbrige Art der *Tropheus*, die allen anderen Mitbewohnern gehörig auf die Nerven gehen könnten. Alles in allem also Fische für ausgewiesene Experten, aquaristisch oder finanziell gesehen.

Tropheus im Aquarium geben meist ein Wimmelbild ab.

Der Tanganjikasee-Beulenkopf (*Cyphotilapia frontosa*) wird mit über 30 Zentimetern Gesamtlänge zwar stattlich, ist aber ein ruhiger, friedlicher, sogar geselliger Fisch, der allerdings kleine Fische frisst.

Ein geräumiges, ansehnlich eingerichtetes Aquarium für Tanganjikasee-Cichliden.

Ein beruhigendes Aquarium

Völlig anders sieht es bei den imposanten Beulenköpfen der Gattung *Cyphotilapia* aus. Zwar würden auch hier zwei um die Vorherrschaft konkurrierende Männchen in der Enge des Aquariums miteinander kollidieren, aber in einer Gruppe mit einem dominanten Männchen und einigen Weibchen herrscht eigentlich immer Frieden.

Die wichtigste zu erfüllende Bedingung stellt die Aquariengröße dar, denn die Fische erreichen Gesamtlängen von über 35 Zentimetern. Zwei Meter Länge, bei ausreichend Raum nach oben und in die Tiefe, sind ein angemessenes Mindestmaß. Immerhin stellen sich die Fische als wahre Gemütsathleten dar, die ihre Umwelt mit großer Gelassenheit wahrnehmen.

Gut zu wissen

Versteckplätze müssen für Weibchen vorhanden sein, die Junge betreuen, und für die Jungfische, wenn sie der mütterlichen Fürsorge entwachsen sind. Dafür kommen spaltenreiche Rückwände ebenso in Frage wie Steinformationen, die genügend Unterschlupfmöglichkeiten bieten, oder auch dichtere Pflanzeninseln, wie man sie aus Vallisnerien oft schneller bekommt, als einem lieb ist.

Außer *Vallisneria spiralis* kommen im See aber auch *Myriophyllum*, *Hydrilla*, Hornkraut, Nix- und Laichkrautarten vor – die Auswahl ist also gar nicht so beschränkt, wie man angesichts der in den entsprechenden Aquarien nahezu allgegenwärtigen *Anubias* glauben möchte. Als Bodengrund wirkt ein Kies-Sand-Gemisch abwechslungsreicher als eine öde Fläche stets gleicher Beschaffenheit. Die Schichtstärke richtet sich nach den Bedürfnissen der Pflanzen. Holz scheidet als Dekorationsmaterial aus. Weniger weil es in den See nicht auch herumläge, eher weil es das Aquarienwasser fast immer leicht bräunlich färbt und den gewünschten hohen pH-Wert zum Sinken bringen könnte.

Die richtigen Wasserwerte für alle Tanganjikaseebewohner liegen im alkalischen Bereich (im See etwa pH 9) bei höheren Härtegraden (im See etwa 16 °KH) und einer stabilen Kompromisstemperatur von 25 oder 26 °C (im See 23 bis 29 °C). Dass auf geringe Belastung, die Sie durch effektive Filterung und regelmäßigen Teilwasserwech-

Die Prinzessin von Burundi (*Neolamprologus brichardi*) pflegt ihren Nachwuchs im Familienverband; mit den Eltern kümmern sich ältere Jungtiere um jüngere Geschwister.

Altolamprologus compressiceps ist ein ruhiger Räuber.

sel gewährleisten, Wert gelegt wird, muss eigentlich nicht schon wieder betont werden.

Die Mischung macht's

Obwohl *Cyphotilapia* in erster Linie zwar Garnelen-, aber auch Fischfresser sind, lassen sie sich ohne Probleme mit anderen Arten vergesellschaften, die von ihnen nicht als Beute angesehen werden, also nicht zu klein sein dürfen. Hauptkriterium ist dann die notwendige Distanz, die untereinander möglich sein muss; das Aquarium sollte also womöglich noch größer sein.

Lassen wir die großen Beulenköpfe weg, schrumpft bei vielen Tanganjikaseecichliden der Platzbedarf erheblich. Dann können wir schon in einem Standard-Meterbecken unterschiedlichste Arten erfolgreich pflegen. Schneckenbuntbarsche sind sogar mit einem derart knappen Raumangebot zufrieden, dass wir sie auf dem Schreibtisch unterbringen können (siehe Aquarium 11, Seite 54). Natürlich sind auch sie in einem Meterbecken eine spannende Angelegenheit, wir müssen dann sogar nicht so schnell nach Abnehmern für die Jungfische suchen.

Das gilt insbesondere dann, wenn wir sie mit Arten vergesellschaften, die die jungen Schneckencichliden zum Fressen gern haben. *Julidochromis* und *Altolamprologus* kämen in die engere Wahl. Für die beiden Gattungen sind die richtigen Revierzentren und Unterstände wichtig. *Julidochromis* mögen kleinräumigere Höhlen, *Altolamprologus* Zonen, in denen sie unbehelligt auf Beute lauern können, etwa im Vallisnerienwald oder in engen Felsspalten.

Eine tyrannische Prinzessin

Recht beliebt sind immer noch die Arten um *Neolamprologus brichardi*, die Prinzessin von Burundi. Das Faszinosum liegt hier weniger in der äußeren Attraktivität der Fische als vielmehr in ihrem einzigartigen Sozialverhalten: Ein Paar oder eine Gruppe aus einem Männchen mit mehreren Weibchen betreut oft unterschiedlich alte Jungfische, die ihrerseits wieder auf die kleineren Geschwister aufpassen – ein sehr seltener Fall einer funktionierenden Großfamilie unter Wasser.

Da die Fische eine versteckreiche Felsenburg bewohnen möchten, geraten sie schnell in Konflikt mit anderen Fischen, die ähnliche Wünsche haben. Aber auch sonst können sie in ihrer Ausdehnungspolitik recht unduldsam werden und Schneckencichliden etwa das Leben zur Hölle machen.

Gut zu wissen

Über die Vergesellschaftung mit anderen *Neolamprologus* der eigenen näheren Verwandtschaft oder den Arten um *N. leleupi*, die obendrein noch einzelgängerisch leben, sollten Sie daher nur nachdenken, wenn Sie ein wahrhaft großes Aquarium Ihr Eigen nennen.

Steine und ganz viel Sand

Nehmen wir die felsgebunden lebenden *Julidochromis* oder *Altolamprologus* zum Ausgangspunkt der Aquarieneinrichtung, haben ihre Ansprüche innenarchitektonisch befriedigt und dann noch ganz viel freie Fläche zur Verfügung, bietet es sich an, auch Fische einzuplanen, die damit etwas anfangen können: Fadenmaulbrüter.

Es gibt sogar Buntbarsche, die sich ausschließlich im freien Wasser aufhalten und dabei nur in größeren Verbänden vorkommen. Kärpflingscichliden

Julidochromis regani.

Gnathochromis permaxillaris, der Staubsauger unter den Tanganjikasee-Cichliden.

Neolamprologus leleupi.

Fadenmaulbrüter (hier *Ophthalmotilapia ventralis*) benötigen freie Sandflächen.

(*Cyprichromis*) sind obendrein völlig friedlich und ernähren sich als Planktonfresser. Im Aquarium muss dementsprechend viel Schwimmraum zur Verfügung stehen. Eine Felsrückwand und eine höchstens sparsame Einengung der offenen Fläche – besonders im oberen Bereich, durch Pflanzen oder Steinaufbauten sind hier geboten.

Fabelhafte Gesellschafter sind dann natürlich wieder solche Arten, die sich nahezu ausschließlich auf dem Boden aufhalten. Grundelbuntbarsche aus den Gattungen *Eretmodus*, *Spathodus* und *Tanganicodus* bewohnen im See den Boden flacher Zonen. Sie sind allesamt Maulbrüter mit einer Elternfamilie. Vorsicht ist höchstens bei der Anzahl der Exemplare geboten, denn sie verteidigen ihr Revier vor allem gegen Artgenossen.

Mit ganz ähnlichen Ansprüchen haben wir es bei *Gnathochromis* zu tun, die aus tieferen Zonen stammen und deutlich größer werden als die Grundelbuntbarsche. Auch wegen des ausgeprägten Territorialverhaltens muss das Aquarium größer sein. Denen können Sie wiederum wunderbar eine Gruppe *Benthochromis* zugesellen, die ähnlich wie *Cyprichromis* leben, aber größer werden.

Gut zu wissen

Die Buntbarschfauna des Tanganjikasees ist so vielgestaltig und abwechslungsreich, dass man die Begeisterung dafür gut verstehen kann. Allein die Einrichtung eines Aquariums muss auf die Bedürfnisse der gepflegten Arten Rücksicht nehmen. Dass es dabei um mehr als nur Steine und Sand geht, zeigt dieser kleine Streifzug. ‚Das' Tanganjikasee-Aquarium gibt es nicht.

Tanganjikasee-Aquarium mit Kärpflingscichliden (*Cyprichromis*).

11 Schneckenbuntbarsche

Zwergbuntbarsche müssen nicht *Apistogramma* heißen und aus Südamerika kommen. Im Tanganjikasee lebt eine Vielzahl kleiner Cichlidenarten mit ausgesprochen interessanten Verhaltensweisen. Berühmt sind die Schneckenbuntbarsche, die die leeren Schalen vor allem der *Neothauma*-Schnecke bewohnen, aber auch die Häuser andere Schneckenarten und sogar sonstige winzige Höhlen und Spalten annehmen.

Es gibt eine ganze Reihe von Schneckenbuntbarscharten, auch größere, aber hier geht es um *Neolamprologus multifasciatus*. Zum einen ist er einer der kleinsten Vertreter, und zum anderen ist er im Vergleich gesellig bis friedfertig, für Aquarianer ohne den Wunsch nach allzu vielen Auseinandersetzungen also wie geschaffen. Folgen Sie

Ein Schneckenbuntbarschweibchen (*Neolamprologus multifasciatus*) mit Jungfischen.

Gut zu wissen

Zwei Dinge sollten Sie sich bei einem solchen Nano-Cichlidenaquarium vorher auf alle Fälle klarmachen: Bei dieser kleinen Wassermenge müssen Sie penibel die Regelmäßigkeit des Wasserwechsels einhalten, und für den unausweichlichen Jungfischsegen sollten Sie eine Auffangstation oder einen zuverlässigen Abnehmer haben.

einer Anregung von Heinz H. Büscher (Aquarien-Praxis 1 und 3/2002), und Sie können sogar schon in vergleichsweise winzigen Aquarien eine kleine Kolonie gedeihen lassen.

Die Sandschicht sollte schon ein paar Zentimeter dick sein, denn die Fische graben die Schneckenschalen nach ihren Vorstellungen in den Boden ein, sodass sie die richtige Position für ein erfolgreiches Familienleben einnehmen. Für ein derart kleines Aquarium kommen Sie aber auch dann mit einer vergleichsweise geringen Menge Bodengrund aus.

Die Schneckenhäuser können Sie sich zwar vom Munde absparen, indem Sie sich opfen und vermehrt Weinbergschnecken auf den eigenen Speiseplan setzen, aber sowohl die stilechten *Neothauma*- als auch die ebenso gern genommenen Weinbergschneckenschalen bekommt man mittlerweile im Zoofachhandel, notfalls über das Internet. Besondere Mühe, sie im Bodengrund rich-

Das im Text beschriebene, nur 30 Zentimeter lange Aquarium für eine Schneckenbuntbarschgesellschaft.

tig anzuordnen, wäre vergeblich, denn die *Neolamprologus multifasciatus* haben über die Positionierung der Gehäuse in jeder Hinsicht ganz exakte eigene Vorstellungen, die sie auch konsequent verwirklichen.

Den Fischen reicht diese Inneneinrichtung völlig. Alles, was jetzt noch dazukommt, dient lediglich der optischen Gefälligkeit. Eine aufrecht stehende, flache Steinplatte an der Rückwand wirkt als Hintergrunddekoration recht gut, und das eine oder andere Pflänzchen erfreut ebenfalls, allerdings nur den Betrachter.

Die erforderliche Technik setzt sich aus der Beleuchtung im Deckel, einem kleinen, 25 Watt starken Regelheizer und einem ebenfalls unauffälligen Innenfilter zusammen.

Gut zu wissen

Das Filtersubstrat sollten Sie bei jedem Wasserwechsel in dem abgeschöpften oder abgelassenen Wasser ein paar Mal, aber nicht zu kräftig ausdrücken, um so sowohl die Bakterienfauna zu schonen als auch den angesammelten Schmutz zu entfernen.

Sorgfalt ist wichtig

Bei nur wenigen Litern Wasser machen sich alle Einflüsse schnell bemerkbar, ganz gleich, ob es sich um die Temperatur oder die Wassergüte handelt. Sie müssen also aufpassen, dass an heißen Tagen sich das Aquarienwasser nicht über Gebühr erwärmt und immer durch rechtzeitigen Wasserwechsel für die nötige Wasserqualität sorgen.

Lamprologus ocellatus braucht etwas mehr Platz, da er nicht ganz so friedlich ist wie *Neolamprologus multifasciatus*.

Ein sehr lebendiges Bild bietet ein Schneckenfriedhof, der von einer ganzen Kolonie Schneckenbuntbarsche bevölkert wird.

Auch bei der Fütterung müssen Sie besser als bei größeren Aquarien darauf Acht geben, dass alles möglichst rasch gefressen wird und Reste nicht das Wasser verderben können.

Allerdings sind alle diese Maßnahmen angesichts der Kleinheit des Aquariums eben auch nur Kleinigkeiten, denn ein Wasserwechsel etwa lässt sich mit einem Fünf-Liter-Eimerchen und einem Schöpfgefäß in wenigen Minuten über die Bühne bringen.

Größer ist einfacher

Übertragen wir unser Modell auf ein etwas größeres Behältnis, gestaltet sich alles etwas sicherer. Trotzdem, wenn auch später, werden wir irgendwann die überzähligen Resultate des harmonischen Familienlebens abgeben müssen. Da spielt die Größe des Aquariums nur eine aufschiebende Rolle.

12 Das Balkonaquarium

Wasser im Freien bedeutet für Aquarianer nicht sofort, dass sie einen Gartenteich anlegen müssen. Auch auf dem kleinsten Balkon lässt sich ein Wassergärtchen unterbringen. Natürlich ist man in vielem abhängig vom Klima, weshalb diese Variante des Hobbys nur in den wärmeren Monaten stattfinden kann; die Möglichkeiten sind aber weitaus größer, als Sie zunächst denken mögen.

Das beginnt bei der Behältergröße. Vielleicht sollten Sie angesichts der möglichen Temperaturschwankungen, die im Laufe eines Tages in Freien auftreten können, nicht gerade das allerkleinste Aquarium verwenden. Das Wasser würde sich rapide den Außentemperaturen anpassen, was für manchen Fisch vielleicht nicht gesund wäre. Aber mit einer der kleineren Standardgrößen, so etwa ab 60 Zentimeter Länge, lässt sich schon einiges anfangen. Größer ist natürlich besser, aber auch das Gewicht spielt her eine Rolle. Sie müssen sowohl bei der Tragfähigkeit des Balkons als auch der Konstruktion des Unterbaus darauf Rücksicht nehmen.

Das hier vorgestellte Becken ist ein Würfel von etwa 45 Zentimetern Kantenlänge; es passen also gut 90 Liter hinein. Und weil man im Freien einiges anders machen kann als hinter finsteren Wänden, soll es einen Aufsatz bekommen, in dem allerlei Sumpfgewächse gedeihen können. Die können wir zusätzlich sogar bewässern, indem wir den Filterauslauf so verlegen, dass das Wasser zunächst durch das Substrat in der Pflanzschale läuft, von wo es dann ins Aquarium zurückrinnt. Müssen wir aber nicht. Es genügt auch, täglich zu gießen, wobei wir natürlich das Aquarienwasser verwenden, das sogleich durch frisches ersetzt wird. So kommen wir zu einem zwar kleinen, aber sehr häufigen Wasserwechsel.

Vorsicht, Sonne!

Bei der Aufstellung müssen Sie berücksichtigen, wie viel Sonnenlicht direkt ins Aquarium fallen kann. Offene Südlage ist nicht zu empfehlen. Dann würde es zu warm an heißen Tagen und die Algen hätten ihre helle Freude. Besser ist Morgen- oder Nachmittagssonne, die für einige Stunden ins Becken fällt, aber sonst vielleicht durch Pflanzen oder notfalls einen selbstgebauten kleinen Paravent gebremst wird.

Der Rohbau

Zunächst ist gestalterische Tätigkeit angesagt, wenn passende Pflanzbehälter im Gartenmarkt nicht zu finden sind. Mit Styropor und etwas Acryl- oder Abtönfarbe ist das keine besondere Herausforderung. Und wenn Sie schon einmal dabei sind, können Sie gleich weitermachen und dem Aquarium an den Wänden, durch die Sie sonst den Putz oder die Nachbarn betrachten müssten, eine nette Innenverkleidung gönnen.

Ein Balkonaquarium mit einem kleinen Landteil obendrauf.

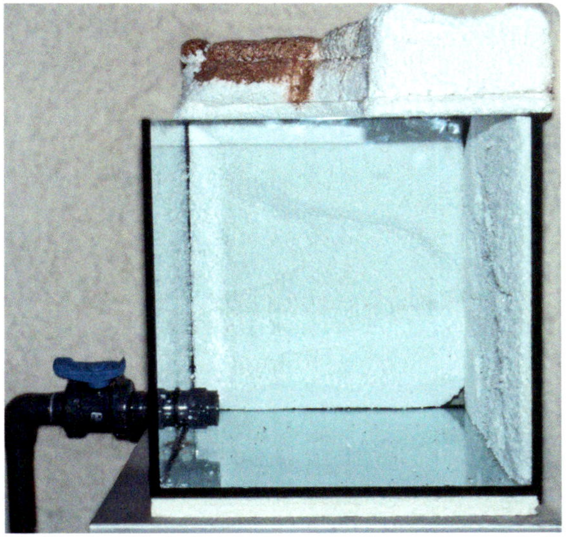

Der Behälter mit den Innenwänden und der Landabteilung aus Styropor in einer Stellprobe. Das Aquarium diente früher als Filterbecken, daher der Hahn, der sich beim Wasserwechsel als sehr praktisch erweist.

Wände und Landteil sind an ihren Plätzen, Sand und Steine ebenfalls. Jetzt kann bepflanzt werden.

Die Landpflanzen: 1 = Schwertblättrige Binse (*Juncus ensifolius*); 2 = Kardinalslobelie (*Lobelia cardinalis*); 3 = Pfennigkraut (*Lysimachia nummularia*).

Wenn alles gut durchgetrocknet ist, geht es weiter wie bei einem Zimmeraquarium auch: Gewaschener Sand oder Kies, ein paar Dekorationsstücke – und das war's. Natürlich stehen wie immer die Bedürfnisse der Bewohner im Vordergrund, aber denen können Sie auch anschließend noch mit der entsprechenden Bepflanzung nachkommen.

Die technische Ausstattung können Sie sich sparen, denn als Beleuchtung und Heizung haben Sie die Sonne selbst. Ein kleiner Filter wäre nicht schädlich, besonders wenn Sie die Landpflanzen damit bewässern wollen, aber auch nicht erforderlich. Einen Stromanschluss braucht es also überhaupt nicht.

Grünzeug amphibisch

Das Besondere eines solchen Balkonaquariums liegt nicht nur an seinem Standort, sondern auch an der Vegetation, die Sie darin unterbringen können. Und zwar nicht nur im Überwasserteil. Denn selbst wenn Sie den weglassen, stehen Ihnen Pflanzenarten zur Verfügung, von denen Sie einige vielleicht schon aus der Warmwasseraquaristik kennen, die hier aber ein ganz anderes Bild bieten, weil sie über die Wasseroberfläche hinauswachsen dürfen. *Myriophyllum*-Arten erinnern in ihren Überwassertrieben an kleine Nadelgewächse. Auch Ludwigien gewinnen auf einmal ein ganz neues Ansehen und sind nicht mehr die eher langweiligen Standardpflanzen aus der Anfängerabteilung.

Sogar in dem kleinen Sumpfbeet, das über dem Aquarium thront, gedeihen Pflanzen, die Sie als Aquarianer so noch nicht kannten, weil sie Ihnen bisher stets nur unter Wasser begegnet waren: Die Kardinalslobelie etwa lässt sich dort ebenso gut kultivieren wie Minze oder Pfennigkraut und bietet bei ausreichender Bewässerung ein wun-

Einer der ältesten Aquarienfische fand möglicherweise bereits gegen Ende des 17. Jahrhunderts seinen Weg nach Europa: der Paradiesfisch (*Macropodus opercularis*).

In der Natur gefährdet, im Aquarium problemlos: der Kardinalsbärbling (*Tanichthys albonubes*) aus Südchina.

derbares Bild eines natürlichen Uferbewuchses. Auch die Kriechende Binse (*Juncus repens*) wächst dort genauso gut wie unter Wasser, während andere Binsenarten – die Zwergbinse beispielsweise, auf jeden Fall aus dem Wasser heraus wollen.

Für den Aufsatz lassen sich noch andere Pflanzen finden, denn mittlerweile sind die einschlägigen Gartenmärkte auch in Bezug auf Sumpf- und Teichpflanzen ganz ordentlich sortiert.

Unter Wasser können Sie auf die meisten gebräuchlichen Arten zurückgreifen, die die Aquaristikabteilung bietet; mit Hornkraut aber kann man erst einmal nichts falsch machen. Zudem ist es auch ein einheimisches Gewächs, was sich in diesem Rahmen ganz gut ausnimmt.

Fische für draußen

Als Tierbesatz kommt je nach Größe und Einrichtung eine ganze Menge Fischarten in Betracht. Vielleicht denkt der eine oder andere jetzt an Goldfische, aber die passen aus gleich mehreren Gründen hier nicht hinein. Dazu später mehr, hier geht es jetzt um die geeigneten Arten. Und da ist die Auswahl wirklich groß genug.

Neben einer ganzen Reihe exotischer Fische kommen auch einige einheimische Arten in Betracht, wenn sie in Größe und Lebensweise mit kleinen, eher stehenden Gewässern in Einklang zu bringen sind: Moderlieschen, Bitterlinge und Elritzen bekommt man außerhalb des Winters auch in nahezu jeder Zoofachhandlung.

Einfacher, wie fast immer, sind die Ansprüche verschiedener Exoten zu erfüllen. Einfacher deshalb, weil sie im Winter keine spürbare Temperaturabsenkung benötigen, auch wenn die ihnen meist guttun würde. Klassiker wie Makropode (*Macropodus opercularis*), Zwergschwarzbarsch (*Elassoma evergladei*) oder Kardinalsbärbling (*Tanichthys albonubes*) fühlen sich draußen wahrscheinlich wohler als im Zimmeraquarium, jedenfalls machen sie nach einem Sommer im Freien einen erheblich vitaleren Eindruck. Das liegt zumindest teilweise auch an der völlig andersgearteten Ernährung, denn hier spielen Anfluginsekten in etwa die Rolle, die ihnen auch in der Natur zukommt und bilden einen Großteil der Fischnahrung.

Das Artenspektrum, das für eine Freilandhaltung in Frage kommt, wird deutlich größer, wenn auch das Aquarium in seinen Ausmaßen wächst. Mittelamerikanische Buntbarsche, *Herichthys* vor allem, bieten sich dann ebenso an wie solche aus dem Süden Südamerikas, wo etwa zahlreiche, nicht nur farblich ansprechende *Gymnogeophagus*-Arten herstammen.

Der Perlmuttbuntbarsch (*Herichthys carpintis*) aus Mexiko ist mit gut 30 Zentimetern Gesamtlänge nur für große Behälter geeignet.

Die Männchen der Zwergschwarzbarsche machen ihrem Namen alle Ehre, die Weibchen zeigen eine unauffällige Braunfärbung.

Buntbarsche aus dem Süden Lateinamerikas vertragen unser Klima während der wärmeren Jahreshälfte ausgezeichnet, benötigen aber größere Behälter oder gleich den Teich; im Bild *Gymnogeophagus balzanii*.

Überwinterung

Die meisten Fische, die den Sommer im Freien genießen können, würden unsere frostigen Winter nicht überleben. Auch einheimische Arten können in einem kleinen Aquarium nicht überdauern, das möglicherweise bis auf den Grund zufriert.

Entweder nehmen Sie das gesamte Aquarium mit allem Drum und Dran den Winter über ins Haus, oder Sie setzen die Fische und Pflanzen in ein anderes Aquarium um. Einheimische Arten sollten auch dann nicht zu warm gehalten werden, das würde ihrer Gesundheit schaden. Besser ist hier eine Unterbringung in einem kühlen Keller. Exotischen Arten ist das mehr oder minder gleichgültig, obwohl auch hier eine deutliche Jahreszeitenrhythmik angebracht wäre und für viele Arten erforderlich ist, damit sie sich im anstehenden Frühjahr überhaupt vermehren wollen.

Je weiter die Heimat unserer Fische vom Äquator entfernt ist, desto eher sollten wir ihnen Jahreszeiten mit unterschiedlichen Tageslängen und variablen Temperaturen gönnen. Das wird nicht nur ihre Balz- und Laichwilligkeit fördern, sondern ihrer Konstitution allgemein zugute kommen.

Jahreszeiten sollten von uns überhaupt in den Katalog der allgemeinen Pflegebedingungen aufgenommen werden.

13 Goldfische – verpönte Klassiker

Man könnte denken, Goldfische ließen sich genauso auf dem Balkon unterbringen, wie es im vorhergehenden Kapitel besprochen worden ist. Dagegen spricht nichts, wenn der Balkon genügend Platz für ein wirklich geräumiges Aquarium bietet, denn Goldfische werden groß. Aber nicht nur der Balkon – oder oft auch der Gartenteich – bieten sich an.

Nun werden Goldfische von „ernsthaften“ Aquarianern meist als Anfängerfische oder abseitige Modeobjekte betrachtet. Dabei kann ein entsprechend eingerichtetes und gepflegtes Aquarium auch drinnen nicht nur eine Augenweide darstellen, sondern mindestens ebenso spannende Beobachtungen ermöglichen wie die kompliziertesten Exoten.

Außerdem bieten die großen und auffälligen Tiere auch Möglichkeiten bei der Gestaltung des Aquariums, die sonst eher sinnlos erscheinen. So ist ein Behälter, den man auch von oben betrachten kann, eine reizvolle Variante, die nicht einmal neu wäre, sondern sich sogar an der ursprünglichen Haltung der Goldfische in flachen Schalen orientiert. Ein solcher Blickfang kann ein Wohnzimmer ebenso aufwerten wie eine Terrasse oder einen weiträumigen Eingangsbereich.

Gut zu wissen

Eine Frage, die Sie im Vorfeld beantworten müssen, ist die nach einem kühlen, aber frostfreien Raum für die Überwinterung – vielleicht kommen Keller oder ungeheizte Nebenräume in Betracht.

Der Goldfisch (*Carassius gibelio* forma *auratus*) ist eine uralte Zuchtform des Giebel (*Carassius gibelio*). Die hier abgebildeten Exemplare sind mit Form und Beflossung noch recht nahe am Ursprung.

Ruhepause für die Fische

Goldfische sind keine Tropenbewohner und benötigen daher eine Ruhepause von einigen Monaten bei 5 bis höchstens 10 °C. In dieser Zeit werden sie auch nicht mehr gefüttert, zumindest mit gehaltvollem Fertigfutter nicht, da sonst ihr Verdauungsapparat überlastet werden würde. Sie können es mit ganz geringen Gaben von pflanzlichem Flockenfutter versuchen, müssen aber genau beobachten, ob es auch gefressen wird. Andernfalls wird es umgehend abgesaugt, um das Wasser nicht unnötig zu belasten.

Mit Beginn des Frühlings können die Fische wieder in ihr angestammtes Zuhause umziehen, sofern es sich um das Aquarium innerhalb vierer Wände handelt.

Gut zu wissen

Sollen die Goldfische nach draußen, warten Sie auf Wassertemperaturen deutlich über 10 °C und gewöhnen sie dann langsam und vorsichtig um, denn Aufwärmen ist für Goldfische sehr viel anstrengender als Abkühlen.

Großzügig planen

Das Aquarium sollte schon zwei Meter lang sein, besser noch länger. Auch Breite und Höhe dürfen großzügig bemessen werden, womit man ziemlich rasch bei 1000 Litern Inhalt landen kann. Ein stabiler Unterbau ist also genauso conditio sine qua non wie eine tragfähige Zimmer- oder Balkondecke.

Großzügig bemessen wird auch der Bodengrund: eine dicke Schicht feiner Sand. Goldfische gründeln gern, deshalb ist Kies in jeglicher Körnung verboten. Dekorieren können Sie womit Sie möchten. Wenn Sie hier aber übertreiben, stehlen Sie den Fischen die Show. Einige große runde Flusskiesel machen sich zum Beispiel sehr gut.

Eher Design-Objekt als goldfischgerechtes Aquarium, aber wenigstens nicht allzu klein.

Grünzeug

Da die Fische recht groß werden und zartes Grün gerne fressen, beschränkt sich die Pflanzenauswahl auf robuste Gewächse, Feinfiedriges oder anderweitig Empfindliches verträgt sich nicht mit dem Gemüt der Goldfische.

Gut eignen sich Riesenvallisnerien (*Vallisneria americana*; oft noch unter dem ungültigen Namen *V. gigantea* im Handel) und/oder Hornkraut (*Ceratophyllum demersum* oder andere Arten). Während Sie die Vallisnerien gruppenweise in den Boden pflanzen, können Sie das Hornkraut frei schwimmen lassen oder bündelweise am Boden – mit einem Stein etwa – verankern. Natürlich kommen auch noch andere Pflanzen in Frage, aber treibt man es allzu bunt, geraten die Fische wieder in den Hintergrund.

Technik

Ein leistungsfähiger Filter ist besonders wichtig, die Fische werden nicht nur groß, ihr Stoffwechsel ist auch ausgesprochen rege. Die Beleuchtung orientiert sich an den Bedürfnissen der Pflanzen, muss bei Vallisnerien und Hornkraut also nicht besonders stark sein. Eine Heizung ist absolut überflüssig.

Sollte die Temperatur längere Zeit 30 °C erreichen oder übersteigen, müssen Sie sich um Kühlung bemühen. Glücklich, wer eine Klimaanlage sein Eigen nennt. Alle anderen kühlen als erste Maßnahme die Wasseroberfläche mit einem Ventilator ähnlich den PC-Lüftern, die auch speziell für unseren Zweck erhältlich sind, schalten danach die Beleuchtung ab, die ja zusätzlich Wärme abgibt, tauschen – wenn nötig mehrmals täglich – einen Teil des Aquarienwassers gegen kaltes Leitungswasser oder geben viel Geld für eine Kühlanlage aus.

Gut zu wissen

Wichtig ist wegen des oben schon erwähnten Stoffwechsels der starken Fresser der regelmäßige und großzügige Teilwasserwechsel, der sich aber trotzdem auch nach der Menge und Größe der Tiere im Verhältnis zur Wassermenge richtet.

Die Bewohner

In ein solches Aquarium setzen Sie eine sechs- bis achtköpfige Gruppe junger Goldfische, wobei Sie umso mehr Verhalten und Lebendigkeit sehen, je natürlicher – also ursprünglich kurz – die Flossen wachsen und der Rest der Tiere auch noch nach Fisch aussieht und nicht nach überfüttertem Dackel, womöglich noch mit sichtbehindernden Wucherungen auf dem Kopf.

Einige Goldfischzuchtformen können nur noch durchs Wasser wackeln.

Ein Fisch mit Geschichte

Der Goldfisch ist der einzige Fisch, dem man mit einigem Recht das Prädikat „Haustier" zusprechen kann. Ganz genau wissen wir es nicht, aber irgendwann im 11. oder 12. Jahrhundert nach Christi Geburt begann man in China, aus dem Giebel (*Carassius gibelio*) zunächst Farb-, später auch Flossen- und Körpervarianten zu züchten.

Die Fische waren zur reinen Erbauung des Betrachters gedacht und wurden dazu in Gefäßen mit großer Oberfläche gehalten. Wohl schon im 17. Jahrhundert gelangte der Goldfisch als Mitbringsel englischer Handelsfahrer nach England und löste damit eine Modewelle ungeahnten Ausmaßes aus. Sein Siegeszug verbreitete ihn in den besseren Kreisen ganz Europas. Er ist damit möglicherweise der erste wirkliche exotische Aquarienfisch in Europa. Der einzige andere Anwärter auf diesen Titel ist der Makropode (*Macropodus opercularis*), aber das lässt sich nicht mehr mit Sicherheit feststellen.

Heute werden Goldfische in unvorstellbaren Mengen hauptsächlich in Asien, Israel und Italien gezüchtet und bevölkern vor allem Gartenteiche, obwohl man dort außer undeutlichen Farbtupfern im Wasser eigentlich nicht viel von ihnen hat.

Sonnenbarsch.

Machen Sie alles von der Größe des Aquariums bis zur kühlen Überwinterung richtig, werden Sie im Frühjahr erleben, wie die Goldfische anfangen zu balzen und bald auch laichen. Bringen Sie dann noch genügend Ehrgeiz auf, dann separieren Sie den Laich und ziehen eigene Goldfische auf.

Sie sehen, Goldfische sind gar nicht so ganz einfach unterzubringen und zu pflegen. Sie verlangen einiges, was sie als Anfängerfische gänzlich ungeeignet macht. Wenn Sie sich aber dazu durchringen, entsprechenden Raum zur Verfügung zu stellen und genügend Sorgfalt investieren, haben Sie ein außergewöhnliches Schaustück, das mit anderen Aquarien in jeder Beziehung mindestens mithalten kann.

Gesellschaft?

Wenn es unbedingt sein muss und Ihnen die Goldfische nicht genügen, können Sie natürlich auch andere Arten hinzusetzen.

Sonnenbarsche (*Lepomis gibbosus*) eignen sich wegen ihrer ruhigen Art ganz gut, aber passen Sie auf, dass Ihnen nie ein Exemplar in die freie Natur entwischt. Sonnenbarsche überdauern in unserem Klima nicht nur, sie bilden stabile Populationen und bringen einheimische Arten in Bedrängnis.

Rechte Seite: Goldfische in einem Teich.

14 Nano-Aquarien, die erste

Nano kommt ursprünglich aus dem Altgriechischen (nanno) und zugleich aus dem Lateinischen (nanus) und bedeutet nichts anderes als Zwerg. Als Präfix signalisiert es extreme Miniaturisierung – Nanotechnolgie, Nanopartikel – und in der Sprache der Werbebranche neben „klein" vor allem Modernität und technischen Fortschritt.

Wenn man es jetzt für kleine Aquarien verwendet, ist das der Versuch der sprachlichen Aktualisierung einer offensichtlich alten Angelegenheit, denn kleine Aquarien gab es schon immer. In aquaristischen Urzeiten waren sogar fast alle Aquarien klein – vom heutigen Standpunkt aus betrachtet. Vollglasaquarien, wie sie ehemals der Normalfall waren, konnten wegen der Bruchgefahr gar nicht in beliebiger Größe hergestellt werden. Und immer sind zur Nachzucht vieler Fischarten kleine Aquarien eingesetzt worden.

Jedenfalls sind kleine, sehr kleine Aquarien von knapp zehn Litern Inhalt aufwärts seit einigen Jahren außerordentlich beliebt und werden als der immer noch letzte Schrei beworben. Kräftig gefördert wird dieser Trend mit Komplett-Sets und zahllosen neu entwickelten Artikeln von der Industrie, die sich davon zu Recht einen deutlichen Absatzschub versprochen hat. Kleine Aquarien wurden zu Lifestyle-Artikeln und sind nicht mehr nur das Werkzeug alter Hasen.

Darioaquarium.

Japan-Style

Obendrein hat sich mit Aquascaping so etwas wie eine neue Stilrichtung entwickelt. Dabei geht es darum, bei der Einrichtung und Bepflanzung festgelegte Prinzipien anzuwenden, die oft aus der japanischen Überwassergärtnerei stammen. Häufig wird auch versucht, Überwasserlandschaften verkleinert im Aquarium nachzubilden. Ob das ins allzu Künstliche und Gewollte abgleitet, mag jeder von Fall zu Fall selbst entscheiden. Solange die Bedürfnisse der Bewohner respektiert werden,

Grundriss des Aquariums:
B = Buchenblätter, CO_2 = CO_2-Diffusor, F = Filter, T = Thermometer, W = Wurzel, 1 = *Nesaea* sp., 2 = *Sagittaria subulata*, 3 = *Didiplis diandra*, 4 = Javamoos.

Hengels Keilfleckbärbling (*Trigonostigma hengeli*; neuerdings wieder *Rasbora hengeli*) lebt in Burma und Thailand.

Der Zwergbärbling (*Boraras maculatus*), ebenfalls aus Südostasien, wird nicht länger als zweieinhalb Zentimter.

Info

Eine prägende Rolle spielte und spielt dabei Takashi Amano, der Guru des von ihm selbst so benannten „Naturaquariums“. Durch zahlreiche Veröffentlichungen, Ausstellungen und nicht zuletzt sein eigenes Museum, hat er seine Ästhetik wirksam unter's Volk gebracht und zugleich immer versucht, die Praktikabilität seiner Ideen zu beweisen.

ist nur der persönliche Geschmack die maßgebende Instanz.

Am Anfang sind alle gleich

Welcher Richtung man sich auch anschließt, ein paar Grundbedingungen müssen immer beachtet werden. Das beginnt schon beim Unterbau. Auch wenn das Gewicht hier kein so großes Hindernis darstellt, wiegt ein Liter Wasser immer noch ein Kilogramm. Ein 30-Liter-Nano-Aquarium bringt es mit Bodengrund und allem Drum und Dran durchaus auf etwa 40 Kilogramm Gesamtgewicht, und das sollten Sie keinesfalls wackeligen Tischbeinen anvertrauen. Ein Schreibtisch ist nur dann geeignet, wenn er bombenfest steht und auch kein Computer-Drucker ihn in Schwingungen versetzen kann.

Als Nächstes ist der Aufstellungsort entscheidend. Fällt zu viel Sonneneinstrahlung ins Aquarium, heizt sich das Wasser im Sommer schnell auf ungesunde Temperaturen auf. Obendrein übernehmen dann Algen meist die Herrschaft. Mit kleinen Ventilatoren und/oder unablässigen Wasserwechseln können Sie das Problem zwar in den Griff bekommen, aber was macht man im Urlaub? Ein schattenspendender Miniatur-Paravent reicht da nicht aus. Notfalls lassen Sie die Hälfte des Wassers ab, klemmen sich das Aquarium unter den Arm und bringen es an einen kühleren Standort oder gleich zur Urlaubsvertretung nach Hause.

Gut zu wissen

Eine Rückwandgestaltung im Inneren des Behälters verknappt den ohnehin winzigen Raum zusätzlich, entfällt also. Einfach und wirksam ist hier wie auch bei größeren Aquarien eine farbige Folie oder Pappe hinter der Rückwand.

Während der gärtnerische Aufwand je nach Ideologie mehr oder weniger Arbeit bedeutet, bleibt der regelmäßige Wasserwechsel heilige Pflicht. Zwar genügen dazu meist ein Litergefäß zum Schöpfen und Gießen sowie ein kleiner Eimer, aber auch dann wird oft genug geschludert und vergessen.

Zu Anfang Ihrer Aquarianerlaufbahn sollten Sie sich vielleicht die jeweiligen Termine in den entsprechenden Kalender eintragen. Oder Sie kleben einen dieser niedlichen bunten Zettel zwar nicht unbedingt an die Aquarienscheibe, aber doch dorthin, wo ihn Sie nicht übersehen können – selbst wenn Sie das noch so gerne wollen. Ebenso sind Sicherheit und Wartung der technischen Gerätschaften immer wichtig, und das Prinzip „Nur Füttern, was sofort gefressen wird“ gilt hier wie dort gleichermaßen.

Ist Ihnen das alles jetzt zu viel, verschenken Sie am besten das Aquarium und suchen sich ein anderes Hobby.

Links oben: Der Algenball (*Aegagropila linnei*) kommt am besten mit nicht zu hohen Temperaturen und eher hartem Wasser zurecht.

Rechts oben: Die kleinwüchsigen Arten und Formen aus der Gattung *Anubias* – hier *Anubias barteri* var. *nana* 'Bonsai' – sind wegen ihres langsamen Wachstums nicht sehr pflegebedürftig.

Links unten: Mag weiches, saures Wasser und braucht dabei nicht viel Licht: der Kongofarn (*Bolbitis heudelotii*).

Rechts unten: Wenn die Beleuchtung stark genug ist, muss das Zierliche Perlenkraut (*Hemianthus micranthemoides*) hin und wieder gemäht werden.

Einrichtung

Zunächst ein Modell, das nicht allzu viele Ansprüche an den Besitzer stellt. Der Behälter fasst 30 Liter, weniger darf es für Fische auch nicht sein. Die hintere Scheibe ist außen mit einer schwarzen Folie beklebt. Die Beleuchtung ist im Klappdeckel eingebaut; ein kleiner Innenfilter und ein 25-Watt-Heizer, der eigentlich gar nicht vonnöten ist, komplettieren die Technik.

Sand kommt in einer für die Pflanzenwurzeln ausreichend starken Schicht auf den Boden; auf einer passenden Wurzel wird Javamoos (*Vesicularia dubyana*, in den meisten Fällen wohl eher *Taxiphyllum barbieri*, aber das ist hier nicht so wichtig) fixiert, bis es angewachsen ist. Drei oder vier Triebe Wassernabel (*Hydrocotyle leucocephala*) in der linken hinteren Ecke werden ziemlich bald an der Wasseroberfläche entlangranken, regelmäßiges Kürzen ist hier später angebracht. Vorne rechts entsteht ein Gebüsch aus einigen Stängeln *Hygrophila corymbosa* 'Kompakt'. Diese Wuchsform entwickelt zwar auch zügig neue Blätter, gewinnt dabei aber nur sehr langsam an Höhe, was sie für kleine Aquarien besonders geeignet macht.

Pflegeroutine

Die Füllung ist ‚normales' , eher weiches Leitungswasser; der pH-Wert liegt knapp über dem Neutralpunkt. Höhere Härtegrade stellen aber auch kein Problem dar. Die Temperatur schwankt mit der Zimmerwärme, sollte aber wegen der Fische nicht unter 18 °C fallen.

Die Pflegearbeiten setzen sich aus dem wöchentlichen Teilwasserwechsel, dem Einkürzen des Wassernabels, gegebenenfalls auch des Mooses, und dem vorsichtigen Abspülen des Filtersubstrats – fast immer ein Stück Schaumstoff – zusammen. Falls nötig, werden die Algen von der Sichtscheibe geputzt. Das alles nimmt nicht mehr als höchstens 20 Minuten in Anspruch.

Sollte die *Hygrophila* Blätter verloren haben, werden auch die entfernt. Fallen auffällig viele Blätter ab, wirken die nachwachsenden blass oder gar glasig, fehlen bestimmte Spurenelemente, am häufigsten Eisen. Nun muss man zu einem Dünger greifen, den man aber nur ganz behutsam und vor allem zunächst in einer sehr viel geringeren Dosierung als empfohlen einsetzt.

Microsorum pteropus 'Windeløv' ist eine zierlichere Sorte des Javafarns und damit auch für kleine Aquarien geeignet.

Der Grasblättrige Wasserschlauch (*Utricularia graminifolia*) verlangt beim Einplanzen und der regelmäßigen Pflege ein geschicktes Händchen.

Vesicularia dubyana oder *Taxiphyllum barbieri* – Aquarianer sagen immer Javamoos.

Diese Zwerg-Goldringelgrundel (*Brachygobius xanthomelas*) wird nicht einmal zwei Zentimeter lang. Sehr weiches Wasser sollte man etwas aufsalzen.

Der Deltaflügel-Zwergwels (*Hara jerdoni*) aus Nordostindien und Bangladesch wird kaum länger als drei Zentimeter und mag eine deutliche Strömung.

Mit zwei Zentimetern Länge ist der Moskitobärbling (*Boraras brigittae*) aus Südborneo ein idealer Fisch für kleine Aquarien.

Wenige Fische

In diesem real existierenden Aquarium (Foto Seite 64) lebt ein Pärchen Zwergblaubarsche (*Dario dario*) mit acht Perlhuhnbärblingen (*Danio margaritatus*) zusammen, was aber fast schon zu viel Fisch ist. Mindestens ebenso spannend ist der Besatz mit nur einer der beiden Arten. Die kleinen Blaubarsche stellen zudem höhere Ansprüche an den Futtermeister, sie verweigern nämlich Trockenfutter und müssen mit feinem Lebendfutter ernährt werden – *Artemia*, *Cyclops*, kleine Mückenlarven kommen in Frage. Manche lassen sich auch an Frostfutter gewöhnen.

Man sollte gar nicht meinen, wie viele verschiedene Fischarten in einem solchen Aquarium gut untergebracht sind. Nicht nur für Anfänger interessant sind etwa Kardinalbärblinge (*Tanichthys albonubes*), für die ein Heizer nun wirklich überflüssig ist. Auch die meisten erfahreneren Aquarianer wissen gar nicht, was ihnen bisher entgangen ist, wenn sie diese prachtvollen Fischchen noch nicht gepflegt haben.

Der Perlhuhnbärbling wurde erst 2007 entdeckt und avancierte schnell zum Modefisch. Er fühlt sich nur zu mehreren wohl.

Auch diese Zwergblaubarschart hat erst eine kurze Aquarienkarriere aufzuweisen. Mittlerweile sind zahlreiche ähnliche Arten importiert worden.

Klein = Sorgfalt

Wie auch immer Sie ein Miniaturaquarium einrichten, es unterscheidet sich von größeren Behältnissen erheblich. Vor allem sollten Sie nicht denken, dass kleine Aquarien weniger Sorgfalt erfordern als große Aquarien. Eher ist sogar meistens das Gegenteil richtig.
Schon bei der Auswahl der Pflanzen und Tiere sind engere Grenzen gesetzt. Dazu kommt die schnelle Reaktionszeit des kleinen Wasservolumens. Haben Sie einen ungeeigneten Standort gewählt, werden Sie nachlässig in den Pflegearbeiten, wozu vor allem der regelmäßige Teilwasserwechsel zählt, oder füttern Sie zu viel, können sich die Wasserwerte sehr viel schneller und drastischer ändern als in einem größeren Becken – und zwar immer zum Schlechteren. Rettungsaktionen kommen daher oft zu spät und verderben Ihnen nicht nur den Spaß an der Sache, sondern kosten die Tiere auch oft das Leben.
Ein unbestreitbarer Vorteil sind die gegenüber größeren Formaten geringen Unterhalts- und Energiekosten (während die Anschaffung hochwertiger Nano-Komplettsets meist heftiger zu Buche schlägt). Aber auch größere Aquarien können recht ökonomisch bewirtschaftet werden, ohne dass die passend ausgewählten Fische und Pflanzen auf irgendetwas verzichten müssten. Wer also über keinerlei aquaristische Erfahrung verfügt, sollte sich überlegen, ob er nicht zunächst einmal mit einem größeren 60-, besser 80- oder 100-Liter-Aquarium übt.

15 Klein-Afrika

Dieselbe Größe, dieselbe Technik wie bei dem im vorigen Kapitel beschriebenen Aquarium: 30 Liter Inhalt, Beleuchtung in der Abdeckung, 25-Watt-Heizer und kleiner Motor-Innenfilter. Nur wird es mit den anspruchsvolleren Fischen etwas für Fortgeschrittene.

Schwarzwasser

Die Wasserwerte unterscheiden sich allerdings schon beträchtlich. Es geht um eher weiches – nicht über 10 °dGH, und neutrales bis leicht saures – pH 6 bis 7 – Wasser. Und selbstredend dürfen weder Nitrat noch Phosphat das Wasser merklich belasten. Dazu kommt aber noch ein weiterer wichtiger Faktor: Mit einem Huminpräparat aus dem Handel wird es deutlich bräunlich gefärbt.

Einerseits sorgt der Heizer dafür, dass die Wassertemperatur nicht unter 22 °C sinkt. Andererseits achten wir darauf, dass sie im Sommer 28 °C nicht für längere Zeit übersteigt. Die Austrittsöffnung des Filters wird so gedreht, dass keine heftige Strömung entsteht.

Feiner Sand kommt in einer dünnen Schicht auf den Boden. Die Pflanzen werden nämlich, wenn sie nicht schon so gekauft worden sind – auf einem festen Substrat, in unserem Fall geeigneten Holzwurzeln, aufgebunden. Aufgebunden zumindest so lange, bis sie festgewachsen sind und der fixierende Faden entfernt oder vergessen werden kann.

Laubschicht

Der helle Sand wird mit einer Portion Falllaub etwas abgedunkelt. Das lässt sich beispielsweise mit Buchenblättern bewerkstelligen. Die müssen aber bei der kleinen Wassermenge relativ häufig ausgewechselt werden, da sie unter Wasser unweigerlich zerfallen und dabei das Wasser belasten.

Besser geeignet ist das Laub des Seemandelbaums (*Terminalia catappa*), das es sowohl in großen Blättern als auch in kleineren Stücken im Handel zu kaufen gibt. Es hält sich ebenso dauerhaft im Wasser und verfügt obendrein über antibakterielle Wirkungen, die uns ganz gelegen kommen, denn damit betreiben wir nicht nur Krankheitsprophylaxe, wir schützen auch Laich und Jungfische.

Aber auch Seemandelbaumblätter halten nicht ewig und müssen schließlich irgendwann ersetzt werden.

Behäbiges Grün

Die Pflanzen müssen mit den Wasserwerten und dem aufgrund der Wasserfärbung eher knappen Lichtangebot zurechtkommen. Wir greifen hier nicht nur aus den genannten Gründen, sondern auch weil sie uns zudem geografisch bestens ins Konzept passen, zu einem Zwergspeerblatt (*Anubias barteri* var. *nana* oder einer ähnlich kleinblättrigen Wuchsform) und Kongofarn (*Bolbitis heudelotii*). *Anubias*-Arten bekommt man in genügender Auswahl im Handel, mittlerweile sogar auf Holz- oder Steinstücken festgewachsen.

Beim Kongofarn muss man häufig etwas Geduld aufbringen, weil er im Fachhandel nicht gerade zum Standardsortiment gehört. Vereinsaquarianer mit ihren weitverzweigten Kontakten kommen da wesentlich schneller und zuverlässiger dran. Bleiben wir bei der Suche erfolglos, tut es auch der allgegenwärtige Javafarn (*Microsorum pteropus*), am besten in seiner zierlicheren Variante 'Windeløv'.

Um den oberflächenorientierten kleinen Hechtlingen die nötige Deckung von oben zu bieten, belegen wir einen Teil der Wasseroberfläche mit Schwimmpflanzen. Der Gehörnte Hornfarn (*Ceratopteris cornuta*) ist für solche Zwecke bestens geeignet. Regelmäßige Reduzierung auf ein vernünftiges Maß ist allerdings angebracht, denn der Farn ist ausgesprochen schnellwüchsig und vermehrungsfreudig.

Gut zu wissen

Beide Pflanzenarten wachsen recht langsam. Damit sind sie eher anfällig für Algenbewuchs als ihre schnelleren Verwandten. Bei den Wasserwerten, die wir stets sorgfältig einhalten, sollten Algen allerdings kaum eine Chance haben.

Rechte Seite:
Kleines Aquarium für kleine afrikanische Fische und Pflanzen.

Einst ein Klassiker, dann lange verschollen und nun wieder allseits beliebt: der Schmetterlingsbärbling (*Barbus hulstaerti*) aus dem mittleren Kongobecken.

Der Ringelhechtling (*Epiplatys annulatus*) aus Westafrika kommt in verschiedenen Farbformen vor, die man nicht durcheinanderbringen sollte.

Gut zu wissen

Beide Arten lassen sich in unserem Aquarium durchaus vergesellschaften. Sie sind nicht nur untereinander recht verträglich, wobei die Hechtlingsmännchen häufiger voreinander imponieren und es auch schon einmal zu kurzen und folgenlosen Auseinandersetzungen kommen kann, sondern auch anderen Fischen gegenüber friedlich.

Muntere Fische

Ein nach langer Zeit wieder im Handel aufgetauchter Fisch ist die Schmetterlingsbarbe (*Barbus hulstaerti*) aus dem mittleren Kongo-Einzug. Das bis 3,5 Zentimeter lange Fischchen kam in den 50-er Jahren des vergangenen Jahrhunderts nach Europa, verschwand aber, wohl aufgrund der politischen Verhältnisse in seiner Heimat, langsam wieder aus der Aquaristik. Erst vor wenigen Jahren wurde es wieder in größeren Mengen eingeführt und erwies sich als sehr brauchbarer Aquarienfisch.

Am besten lässt es sich mit feinem Frost- und Lebendfutter ernähren, obwohl Flocken und feinkörniges Granulat auch genommen werden.

Der zweite Kandidat ist Westafrikaner und mit seiner kontrastreichen Ringelung, den roten Flossen und den strahlend blauen Augen trotz seiner Maximallänge von vier Zentimetern eine auffällige Erscheinung. Am liebsten mag auch der Ringelhechtling (*Epiplatys annulatus*) Lebendfutter, nimmt aber ebenso wie die kleine Barbe auch Frost- und Trockenfutter.

Varianten

Im selben Ambiente lassen sich auch andere Arten sehr erfolgreich pflegen. Kleine asiatische Bärblinge machen sich hier hervorragend. Besonders *Boraras brigittae* und *Boraras maculatus* lassen in dem bräunlichen Wasser ihre Farben richtig erstrahlen.

Auch andere Killifische als die kleinen Hechtlinge kämen Frage. Und sogar Bodenlaicher aus dieser Familie könnten sich hier erfolgreich fortpflanzen, wenn wir statt des feinen Sandes eine stärkere Torfmullschicht als Bodengrund einbringen oder zumindest eine Schale damit ins Aquarium stellen.

Vergesellschaftung

In einem größeren Behälter ließen sich sogar ohne Weiteres auch Zwerggarnelen beigesellen, die von den Fischen völlig unbeachtet blieben.

Allerdings sind wir hier zu einem Stilbruch gezwungen, denn im Zoofachhandel sind meist nur Arten und Zuchtformen aus Asien zu bekommen. Überdies können wir nur dann solche Wirbellose einsetzen, wenn die Wasserwerte nicht zu schwarz sind, also nicht sehr sauer und auch nicht allzu weich, denn das mögen die allermeisten Zwerggarnelen überhaupt nicht.

Bei den Fischen belassen wir es bei sechs bis acht Exemplaren je Fischart und bekommen damit eine abwechslungsreiche und sehenswerte Gesellschaft.

Auch wenn die Fische laichen sollten, werden Jungfische hier allerdings kaum aufkommen, dazu ist der Appetit der größeren Mitbewohner meist doch zu stark. Beschränkt man sich allerdings auf eine Art und schafft mit zusätzlichen Stängelpflanzen und Moosen noch ein paar Dickichte, stehen die Chancen für den Nachwuchs nicht schlecht.

Eine der populärsten Zwerggarnelen ist als „Crystal Red“ im Handel. Die absolut friedlichen Tierchen ernähren sich von Algen, an denen sie unaufhörlich zupfen. Im Aquarium vermehren sich diese Garnelen problemlos, in Gegenwart von Fischen werden Junggarnelen allerdings keine Chance haben, da sie ein willkommenes Lebendfutter abgeben.

16 Killifische

Das Aquarium, um das es hier geht, hatte die „Deutsche Killifisch Gemeinschaft“ (DKG) auf der Aqua-Fisch 2010 in Friedrichshafen ausgestellt. Überhaupt sind solche Publikumsmessen neben ihrem eigentlichen Zweck, dem Verkaufen, vor allem dann eine Fundgrube für Ideensucher, wenn auch Aquarienvereine ausstellen. Deren Aquarien sind nämlich fast immer kompetent und für den besonderen Anlass besonders attraktiv eingerichtet. Zudem findet man im Standpersonal kundige Gesprächspartner, die überaus willig Auskunft geben. Die DKG ist ein solcher Verein, wenn auch ein bundesweit organisierter, besonders großer. Und wer könnte kenntnisreicher über Killifische informieren, wenn nicht die DKG? Womit wir wieder beim Aquarium wären.

Grenzbefestigung

Mit einem einfachen Trick ist die Einrichtung auf die Fische zugeschneidert und zugleich für den Betrachter ansehnlich gestaltet: Eine Barriere aus Wurzelholz und Stein trennt den hinteren Pflanzenbestand vom Torfgrund davor, den die Fische – eben nur Bodenlaicher – zum Ablaichen benötigen.

Eine solche Grenzbefestigung lässt sich natürlich auch aus anderen Materialien herstellen. Gut lässt sich eine Korkrinderolle exakt ablängen. Füllen Sie sie innen mit passenden Steinen und/oder grobem Kies, können Sie sogar ihren Auftrieb bändigen. Steht eine ausreichende Auswahl zur Verfügung, sind Steine – einzeln oder geschichtet – eine ebenso gute Wahl. Sie sollten aber darauf achten, dass kein allzu regelmäßiges Vorgartenmäuerchen entsteht, das womöglich noch exakt parallel zur Frontscheibe verläuft.

Bewuchs

Die Pflanzen benötigen allesamt keinen Bodengrund zum Wurzeln, sondern treiben entweder halbwegs frei oder sind auf festen Substraten fixiert. Mit Hornkraut, Kongofarn, *Anubias* und Laichkraut lässt sich ein solches Ausstellungsbecken schnell und wirkungsvoll herrichten. Für den dauerhafteren Standort zu Hause lässt sich das Prinzip erweitern, indem Sie den Raum hinter der Barriere mit pflanzentauglichem Bodengrund

Kap Lopez (*Aphyosemion australe*) heißt eine der populärsten und am längsten bekannten Killifischarten. Das hier ist die goldfarbene Zuchtform.

Der Gestreifte Prachtkärpfling (*Aphyosemion striatum*) aus Äquatorialguinea und Gabun wird etwa 5 cm lang und lässt sich problemlos pflegen und vermehren.

Prachtgrundkärpflinge wie *Nothobranchius rachovii* brauchen zum Ablaichen einen weichen Bodengrund, in den sie eintauchen können.

Das Killifischaquarium der DKG auf der AquaFisch 2010.

Grundriss des Aquariums: W = Wurzelholz, 1 = *Ceratophyllum demersum*, 2 = *Bolbitis heudelotii*, 3 = *Anubias barteri*-Variante, 4 = *Najas guadelupensis* (?).

Killifische – Schlupf nach Plan

Die Bodenlaicher unter den Killifischen tauchen in den Bodengrund ein, um dort ihre Eier abzulegen, respektive zu besamen. Diese Strategie stellt sicher, dass der Laich die Trockenzeit, während der das Wohngewässer möglicherweise austrocknet und die Elterntiere sterben, übersteht und die Jungfische nach den ersten neuen Niederschlägen schlüpfen können.

Die Killifischfreunde machen sich das zu Nutze, indem sie die Fische in einem torfgefüllten Behältnis, das sie ins Zuchtaquarium gestellt haben, ablaichen lassen. Der Torf wird mitsamt den Eiern entnommen, leicht ausgepresst und so lange getrocknet, bis er nur noch ganz leicht feucht ist. Dann wird er in Plastiktüten gepackt und bei moderaten Temperaturen so lange gelagert, wie es nötig – oder auch bequem – ist. Gibt man den Torf dann in eine Schale oder ein kleines Aquarium, gießt mit temperiertem Wasser auf, schlüpfen die Jungen quasi auf Kommando.

Viele Killifische vermehren sich aber als Haftlaicher, die ihren Laich hauptsächlich an feinfiedrige Substrate heften. Moose, Wurzeln – auch die der Schwimmpflanzen – und feinfiedrige Wasserpflanzen sind solche Substrate, die man im Aquarium einsetzen kann.

Im kargen Zuchtaquarium kommt oft ein „Wollmopp" zum Einsatz, der aus an einem Ende zusammengebundenen, nicht zu dünnen Kunstfaserfäden (also doch keine Wolle) besteht. Bastelt man in die Verknotung noch einen passenden Korken oder ein Stück Styropor ein, schwimmt er sogar. Torfkästchen wie Wollmopp sind zwar effektiv, aber hässlich und deshalb keine Wahl für's Schmuck- und Schauaquarium.

auffüllen und konventionelle Gewächse einsetzen.

Da Killifischaquarien nicht allzu hell beleuchtet sein sollten, weil die Insassen das nicht nur nicht so sehr mögen, sondern im Schummrigen ihre Farben viel besser zur Geltung bringen, kommen allerdings nur weniger lichthungrige Arten in Frage, *Cryptocoryne* etwa.

17 Zwerggarnelen

Zwerggarnelen sind skurrile, oft hübsch gefärbte Wesen, die absolut friedfertig sind. Beheimatet sind die meisten Arten in dicht verkrauteten Gewässerrändern, wo sie häufig sehr zahlreich vorkommen. Der Farbigkeit hat man durch zahlreiche Züchtungen noch nachgeholfen, wobei nicht nur die Attraktivität, sondern bei besonders gelungenen Exemplaren auch der Preis enorm gesteigert werden konnte. Ein weiterer Vorzug vieler Zwerggarnelenarten ist die relative Anspruchslosigkeit bei gleichzeitiger Vermehrungsfreudigkeit.

Viel Biomasse bringen die Garnelen nicht auf die Waage, selbst ein Guppymännchen ist im Vergleich zu einer Crystal-Red-Garnele eine äußerst massive Angelegenheit. Ihr Stoffwechsel belastet das Aquarienwasser dementsprechend wenig. Daraus folgt, dass selbst sehr kleine Aquarien bei entsprechendem, sehr maßvollem Garnelenbesatz keine Filterung benötigen, sondern mit dem regelmäßigen Teilwasserwechsel auskommen. Was natürlich keineswegs dagegen spricht, Garnelen auch in größeren Behältern unterzubringen.

Eine Gruppe der Red-Fire-Garnele, der roten Zuchtform der Rückenstrichgarnele (*Neocaridina heteropoda*), bei der Fütterung.

Nicht viel Technik

Aber bleiben wir bei den ganz kleinen Aquarien. Ganz ohne Technik werden wir auch da nicht auskommen, denn zumindest eine Beleuchtung muss sein, damit die Pflanzen wachsen können. Einen Heizer können wir uns aber tatsächlich sparen, wenn sich die Raumtemperatur in normalen Bereichen bewegt. Ein Filter ist der pure Luxus, aber wenn Sie ihn haben, können Sie ihn auch in Betrieb nehmen.

Die Garnelen, die für unsere Absichten in Frage kommen, ernähren sich hauptsächlich von winzigem pflanzlichen Material, tierisches Eiweiß ist eine eher seltene Zutat. Auch wenn es mittlerweile eine breite Auswahl an speziellen Garnelenfuttersorten gibt, sollten wir auf die Fressgewohnheiten insoweit Rücksicht nehmen, als wir die

Gut zu wissen

Aufpassen müssen Sie dabei allerdings, dass der Filter garnelensicher ist, die Tierchen also nicht eingesaugt werden können, um vom Propeller geschreddert zu werden. Sollten die Ansaugöffnungen zu groß sein, können Sie mit einem darübergezogenen Gazestück oder Ähnlichem Schlimmes verhindern.

Ein Kleinstaquarium für Garnelen in eher ausgefallener Formgebung.

Die Schreibtischlampe ist die einzige technische Zutat bei diesem Miniaturbehälter.

Tiere nicht überfüttern, sondern sie ihrem normalen Tagwerk nachgehen lassen, und das heißt Algenfressen. Sie lieben es, auf Moospolstern oder im Pflanzengestrüpp sämtliche Oberflächen abzugrasen, und genau diese Art von Oberflächen stellen wir ihnen zur Verfügung.

Nicht immer eckig

Die eigenwillige Form des Beckens (siehe Foto oben links) macht es keineswegs unbrauchbar, könnte aber zu Diskussionen über Geschmack anregen. Wie auch immer, das Becken fasst knapp 10 Liter, und mit einer ausreichend dicken Schicht Bodengrund für die Pflanzen darin – hier *Sagittaria subulata* –, einem Wurzelholzstückchen, etwas Javamoos und *Riccia fluitans* an der Wasseroberfläche ist die Einrichtung komplett und der Gesamteindruck durchaus befriedigend. Das notwendige Licht spendiert eine ganz normale Schreibtischlampe.

Auch für das zweite, etwa ebenso große Aquarium (siehe Foto oben rechts) genügt eine solche Beleuchtung. Die Botanik setzt sich hier aus einer zierlicheren Vallisnerie (*Vallisneria asiatica* var. *biwaensis*; *Vallisneria spiralis* 'tortifolia' ist eine andere Möglichkeit), einem auf einen flachen Stein gezogenen Algenball (*Aegagropila linnaei*) und ein paar Wasserlinsen auf der Wasseroberfläche zusammen. Vallisnerien und Wasserlinsen müssen Sie durch gärtnerisches Eingreifen im Zaum halten. Sonst bleibt außer dem regelmäßigen Kleinwasserwechsel und der Versorgung der Insassen nicht viel zu tun.

Ein kleines Aquarium für Zwerggarnelen mit Filter und Beleuchtung.

Das dritte und letzte Behältnis in dieser Reihe ist die Hightech-Variante. Die eigenständige Beleuchtung gewährleistet der Bepflanzung ein üppiges Gedeihen, sogar über eine Miniatur-CO_2-Versorgung ließe sich nachdenken. *Eleocharis acicularis* (Nadelsimse) heißt die dünnblättrige Pflanze, bei den dunkelgrünen Haufen handelt es sich um die Prothallien (Vorkeime) des Farns *Lomariopsis lineata*, im Handel unter der Bezeichnung „Süßwassertang" zu bekommen, und im Hintergrund liegt wieder ein flacher Stein mit einem Algenballüberzug. Die Wasserlinsen sind durch Unachtsamkeit hineingeraten, machen sich aber ganz nett.

Vorsicht Leitungswasser!

Muscheln, Schnecken, Garnelen, Krabben und Flusskrebse reagieren noch viel empfindlicher auf Gifte als Fische. Vor allem Pestizide und Kupfer dürfen keinesfalls im Aquarienwasser vorhanden sein. Deshalb müssen alle Pflanzen, unbedingt aber Moose, vor der eigentlichen Verwendung mindestens drei Tage gewässert werden, wobei das Wasser ein paar Mal zu wechseln ist.

Kupfer stammt am häufigsten aus neu installierten Wasserrohren. Die erhältlichen Kupfertests sind nicht sehr genau, deshalb sollten Sie sich besser über das Alter der Installationen informieren. Sind sie jünger als zwei Jahre, ist eine Zugabe von Wasseraufbereiter, der Metalle bindet, die sicherste Methode, Unheil im Aquarium zu verhindern.

Eine Falsche Spinnenkrabbe (*Limnopilos naiyanetri*) verputzt eine Schnecke.

Grüne Garnele.

Red Fire Garnele.

Krabben

Krabben sind etwas ganz anderes als Garnelen, auch wenn man das beim Krabbencocktail nicht so sieht. Normalerweise eignen sie sich aus gleich mehreren Gründen nicht für ein kleines Aquarium, diese Art hier ist aber eine sehenswerte Ausnahme.

Die Falsche Spinnenkrabbe (*Limnopilos naiyanetri*), auch als Mini- oder Mikrokrabbe im Handel, bleibt winzig und lebt vollständig unter Wasser, dazu noch ihr Leben lang in reinem Süßwasser. Sie stammt aus Thailand, wo sie sich vornehmlich an den Wurzelbärten von Schwimmpflanzen aufhält.

Um ihr die richtige Umgebung zu bieten, muss einfach ein möglichst undurchdringliches Dickicht her. Ein paar kleine Höhlen oder Spalten werden gern genutzt. Ansonsten bieten die tagaktiven Krabben ein vielfältiges Verhaltensrepertoire, zu dem auch Scherereien untereinander gehören. Dabei können schon mal ein Bein oder eine Schere verloren gehen; bei der nächsten Häutung wird das fehlende Glied aber ersetzt. Eine Herausforderung ist immer noch die Aufzucht der winzigen Larven, die bisher im Aquarium nicht geglückt ist. Ihnen sollten Sie einen Filter, der eine sehr schwache Strömung erzeugt, und einen Regelheizer gönnen, der eine Temperatur von etwa 24 °C garantiert.

Zebragarnelen.

18 Zwergflusskrebse

Im Gegensatz zu den Kleinstgarnelen sind die größeren Flusskrebse ausgesprochene Charakterwesen, und zwar keineswegs nur im positiven Sinne: Sie sind untereinander aggressiv, knipsen die Pflanzen ab, essen gerne Fisch, nehmen größere Erdbewegungen vor und brechen öfter mal aus dem Aquarium aus. Obendrein sind die Männchen überaus ungalant zu den Weibchen. Erschwerend kommt hinzu, dass die meisten Arten dämmerungs- und nachtaktiv sind, wir untertags also nicht viel von ihnen zu sehen bekommen.

Ein geeignetes Ambiente muss auf all das Rücksicht nehmen und neben der entsprechenden Geräumigkeit auch genügend Verstecke bieten. Mit Pflanzen werden Sie wenig Glück haben, und auch eine fein durchdachte Bodengrundgestaltung kann sehr schnell über den Haufen geworfen werden. Die Innenarchitektur seitens des Aquarianers beschränkt sich also vornehmlich auf die Platzierung stabiler Höhlen und größerer Steine.

Ein Spielplatz für Krebszwerge

Zum Glück gibt es aber die Gattung der Zwergflusskrebse (*Cambarellus*). Mehrere Arten leben im Südosten der USA und im angrenzenden Mexiko.

In der Aquaristik geradezu prominent geworden ist eine orangefarbene Variante des in der Natur eher unauffällig graubraun gemusterten *Cambarellus patzcuarensis*, der ausschließlich im namensgebenden Pátzcuaro-See im Mexikanischen Hochland vorkommt. Bei einer Länge von höchstens vier Zentimetern relativieren sich auch die schlechteren Eigenschaften stark, außerdem ist er tagsüber aktiv, folglich auch problemlos zu beobachten. Mit seinen winzigen Scheren kann er Pflanzen kaum Schäden zufügen, keine gewaltigen Sandmengen bewegen und auch Deckscheiben beim besten Willen nicht anheben. Einem abwechslungsreichen Abenteuerspielplatz steht also nichts im Wege.

Einrichtung

Ein Standardaquarium mit den Maßen 60 × 30 × 30 Zentimeter bietet einer Gruppe von sechs Tieren, wobei die Weibchen in der Überzahl sein sollten, reichlich Platz. Vor der dunkel gefärbten Rückscheibe des Aquariums steht eine dünne Steinplatte senkrecht. Auf ihr wachsen Algen und turnen die Krebse gerne herum.

Sand oder feinkörniger Kies kommen als Bodengrund in Frage. Wurzelstückchen, Tonhöhlen oder geschickt geschichtete Steine bieten zahlreiche Unterschlüpfe, auf denen Javafarn (hier vor allem *Microsorum pteropus* 'Windeløv') wächst. *Sagittaria subulata* bildet ein Wäldchen im Vordergrund. Links wird das Bild von Vallisnerien, rechts von einem Wassernabel eingerahmt. Fall-

Die orangefarbene Form von *Cambarellus patzcuarensis* wird in Aquarianerkreisen als CPO abgekürzt.

Cambarellus ninae ist zwar nicht so auffällig gefärbt, dafür aber noch kleiner als *C. patzcuarensis*.

Gut zu wissen

Aus dem wissenschaftlichen Namen und der Farbe setzt sich auch die inzwischen allgemein gebräuchliche Abkürzung CPO zusammen: *Cambarellus patzcuarensis* 'Orange'

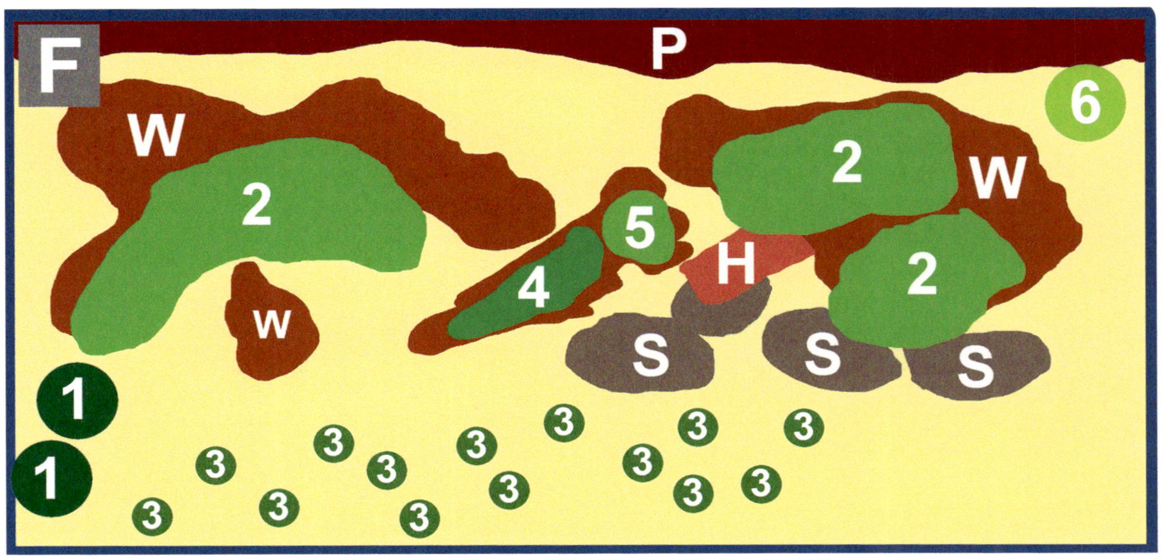

laub wirkt nicht nur dekorativ, sondern wird von den CPOs auch als Knabberzeug geschätzt; besonders beliebt sind Walnussblätter.

Das Wasser soll zwischen 18 und 26 °C warm sein, darf aber keinesfalls Gifte oder Metalle aufweisen (siehe Seite 79). Der pH-Wert liegt über dem Neutralpunkt zwischen pH 8 und 9; wichtig ist auch ein ausreichender Kalkgehalt, sonst gibt es bei den Häutungen Probleme. Wie immer ist die Einhaltung des Wasserwechseltermins Pflicht.

Besser unter sich

Eine Vergesellschaftung der kleinen Krebse mit Zwerggarnelen und/oder kleinen Fischen ist zwar möglich, kann aber von *Cambarellus* auch als Ausweitung der Speisekarte angesehen werden. Größere Fische drehen den Spieß dann eher um. Aber auch – besser gesagt: vor allem – allein für sich gehalten bieten die Krebse ein immer abwechslungsreiches Schauspiel und lassen andere Insassen gar nicht vermissen.

Für einen eher sparsamen Besatz spricht auch, dass dann eher Aussichten bestehen, zumindest einige Krebsnachkommen aufwachsen zu sehen. Wobei sie in der ersten Zeit, in der sie Gefahr laufen, von den größeren Artgenossen gefressen zu werden, eher nicht zu sehen sind.

Oben: Spielplatz und Turnhalle für die Flusskrebszwerge.

Unten: Grundriss des Aquariums: F = Filter, H = Tonröhre, P = Steinplatte, S = Stein, W = Wurzelholz, 1 = *Vallisneria spiralis*, 2 = *Microsorum pteropus* 'Windeløv', 3 = *Sagittaria subulata*, 4 = *Anubias barteri* var. *nana*, 5 = *Microsorum pteropus* (Normalform), 6 = *Hydrocotyle leucocephala*.

19 Zebras in Höhlen

Wie Garnelen, Nano-Aquarien und vieles andere haben auch die Harnischwelse ihren Boom erlebt, der uns neben den wenigen bis dahin beschriebenen Arten ungezählte Neuentdeckungen in Form hunderter L-Nummern beschert hat. Die Welle ist zwar verebbt, hat aber außer den immer noch auftauchenden Unbekannten auch einige fest etablierte Aquarienfische hinterlassen.

Die Harnischwelse sind eine große Familie mit oft recht unterschiedlichen Lebensgewohnheiten und Verhaltensweisen. Man kann sie daher ebenso wenig wie andere biologisch systematisierten Familien einfach über einen Leisten schlagen, was ihre Ansprüche an den Lebensraum Aquarium betrifft.

Vielfältige Ernährungsweisen

Ein Großteil der Arten ernährt sich hauptsächlich vegetarisch oder von Aufwuchs, in dem auch mikroskopisch kleines tierisches Leben enthalten ist. Zum Nahrungsspektrum gehört oft auch weiches, raspelbares Holz. Einige wenige Gattungen – *Panaque* und *Cochliodon* etwa – sind sogar in der Lage, Holz als ausschließliche Nahrung zu verwerten.

Wiederum andere sind karnivor, fressen also Beutetiere, in erster Linie wasserlebende Wirbellose. Manchmal wechseln die Vorlieben auch mit dem Lebensalter: Junge *Hypancistrus* etwa verschmähen Pflanzen keineswegs, interessieren sich später aber überhaupt nicht mehr für sie. Schon daraus ergeben sich Konsequenzen bei der Planung des Aquariums. Schließlich wollen Sie Pflanzen nicht lediglich als Futter einbringen, und Holz ist nicht mehr nur ein rein dekoratives Element.

Dieser hübsche Harnischwels wurde 1993 als L 134 importiert und 2010 als *Peckoltia compta* beschrieben.

Harnischwelse der Gattung *Panaque* können nicht nur sehr groß werden, sie zerraspeln und fressen auch alles erreichbare Holz im Aquarium.

Gut zu wissen

Das L steht für die Familie Loricariidae (Harnischwelse). Die Nummern werden chronologisch nach Eingang von der DATZ (Die Aquarien- und Terrarienzeitschrift) vergeben. Mittlerweile sind wir bei L 472 angelangt (Stand: Januar 2014). Die L-Nummerierung hat sich international durchgesetzt und wird selbst für zwischenzeitlich beschriebene und identifizierte Arten verwendet. So wird *Hypancistrus zebra* im Handel oft noch als L 46 angeboten.

Eher am Boden glücklich

Die Vorliebe vieler Arten ist eine starke Wasserströmung, der Sie durch Einsatz einer oder gar mehrerer genügend starker Pumpen nachkommen sollten. Der permanente Kontakt der Fische mit dem Untergrund lässt raues oder scharfkantiges Material weder beim Bodengrund noch bei größeren Steinen zu.

Besonders wichtig ist das Bedürfnis der Fische, sich immer und möglichst schnell in ein Versteck zurückziehen zu können. Männchen wählen eine Höhle, bei der es sehr auf Form und Format ankommt, als Zentrum ihres Brutreviers. Die meisten Harnischwelse sind zudem lichtscheu und hauptsächlich in der Dämmerung oder erst in der Dunkelheit aktiv.

Oben: *Lamontichtys llanero* wird bis zu 20 Zentimeter lang, wirkt aber nicht nur fragil, sondern ist auch in der Pflege recht anspruchsvoll.

Rechts oben: *Ancistomus snethlageae* wurde bis zur Identifizierung als L 141 und L 215 importiert. Die Art wird etwa 20 Zentimeter lang und benötigt weiches Holz zum Abraspeln.

Rechts unten: *Hypancistrus inspector* wird mit 15 bis 20 Zentimetern Gesamtlänge für die Gattung recht stattlich.

Leporacanthicus triactis kann über 25 Zentimeter lang werden und ernährt sich als Fleischfresser.

Eine große Auswahl an Verstecken ist für *Hypancistrus zebra* wichtig.

Vergesellschaftung

Häufig werden Harnischwelse in Gesellschaftsaquarien mitgepflegt, oft sogar nur wegen ihrer Nützlichkeit: Sie halten die Algen kurz. So zur Putzkolonne degradiert, führen sie dann wirklich eher ein Schattendasein. Auch nur eine Nebenrolle spielen sie in Aquarien mit großen Buntbarschen, die fast immer wesentlich territorialer und dabei durchsetzungsfähiger sind als die Welse.

Genügend Freiraum steht erst dann zur Verfügung, wenn kaum Nahrungs- und Raumkonkurrenzen vorkommen können. Also bitte nicht zu viele und nicht zu robuste Fische mit den Harnischwelsen im selben Aquarium! Eine gute Idee sind Oberflächenbewohner, die den bodenständigen Welsen gar nicht erst ins Gehege kommen. Eine ganze Reihe von Salmlerarten kommt da in Frage, vom Beilbauch bis zum Hechtsalmler.

Am meisten haben Sie von Ihren Fischen, wenn Sie sie für sich alleine halten.

Aquarium für einen besonderen Fisch

Hypancistrus zebra fällt zuerst einmal durch seine extravagante Schwarzweißbänderung auf. Als Aquarienfisch ist er aber nicht nur deshalb attraktiv: Mit etwa zehn Zentimetern Gesamtlänge sind Zebrawelse ausgewachsen, bleiben nicht nur ihren Artgenossen gegenüber recht friedlich und stellen Ansprüche, die sich durchaus befriedigen lassen. Die Männchen befleißigen sich dazu einer ausführlichen Brutpflege.

Zur Brutpflege gehören neben den für zünftige Harnischwelse üblichen Einrichtungsgegenständen wie feiner, rundkörniger Bodengrund sowie zahlreichen Höhlen und Spalten eine Mindesttemperatur von 26 °C – 28 bis 30 °C wären den heimatlichen Bedingungen angemessener, und ein hoher Sauerstoffgehalt. Um beides unter einen Hut zu bringen, sind entweder starke Pumpen nötig, die für entsprechenden Wirbel auch an der Wasseroberfläche sorgen, eine zusätzliche Durchlüftung mittels Membranpumpe und Ausströmer oder ein Oxydator, der den Vorteil der absoluten Lautlosigkeit bietet.

Die komplette Hinterwand des Beckens ist mit einer Mauer aus flachen Steinen (Grauwacke von der Ahr) zugebaut. So entstehen schon einmal viele Spalten und Unterstände, in die auch kein Licht dringt. Zusätzlich sind am Boden der Steinwand Tonröhren vorhanden, die die Männchen als Revierzentrum und Laichplatz in Besitz neh-

Gut zu wissen

Obwohl *Hypancistrus zebra* nur in größerer Tiefe vorkommt, spielt das beim Aquarium keine Rolle. Hier ist eher die Fläche wichtig, damit die Tiere bei gruppenweiser Haltung eine Individualdistanz einhalten können. Bei zu engem Raumangebot kommt es doch zu andauernden Rempeleien unter den Männchen.

Futtertabletten sind bei *Hypancistrus zebra* sehr beliebt.

men. Die Röhren dürfen nur eine Öffnung haben und nicht zu weit sein, sonst werden sie verschmäht.

Die Beleuchtung ist eigentlich nur für den Betrachter wichtig, die Fische mögen es lieber schattig. Das hat allerdings auch zur Konsequenz, dass wir von vornherein auf Pflanzen verzichten. Hier wird nur ein kleiner Ausschnitt des Aquariums schwach beleuchtet und stört so wenig.

Außerdem muss das Wasser möglichst schadstofffrei sein, schon eine höhere Nitratbelastung macht den Fischen zu schaffen. Ein regelmäßiger großzügiger Wasserwechsel ist also besonders wichtig. Die Wasserhärte und der pH-Wert sind nicht unbedingt ausschlaggebend, wenn sie sich wenigstens in gemäßigten Bereichen bewegen. Im natürlichen Lebensraum des Zebrawelses ist das Wasser sehr weich und leicht sauer.

Den Heizer absichern

Bei der Heizung kommt es darauf an, den Fischen einen direkten Kontakt mit heißen Oberflächen unmöglich zu machen. Da die meisten Harnischwelse unbedingt Verstecke benötigen, muss für eine ausreichende Anzahl von Höhlen und Spalten gesorgt sein. Sonst kann es vorkommen, dass sie sich auch zwischen Heizer und Aquarienscheibe klemmen. Verbrennungen sind die Folge.

Es gibt Regelheizer mit einer Art Käfig drumherum, die Berührungen für Fische ungefährlich machen. Sie können sich auch selbst etwas Ähnliches konstruieren, etwa aus feinmaschigem Edelstahldraht. Die sicherste Lösung ist die Verlagerung der Heizung nach draußen. Entweder bauen Sie einen Durchlaufheizer in den Schlauchkreislauf eines Außenfilters ein, oder Sie setzen direkt auf einen Außenfilter mit integrierter Heizung.

Trotz der Verbote sind hierzulande immer noch hin und wieder Wildfangexemplare von *Hypancistrus zebra* erhältlich. Dabei handelt es sich um gewilderte und geschmuggelte Fische, die über Brasiliens Nachbarländer exportiert werden. Gerade der Zebrawels lässt sich allerdings relativ zuverlässig züchten, sodass trotz der geringen Zahl der Jungfische der Aquarienbestand gesichert ist und Importe nicht nur illegal, sondern überflüssig und sinnlos sind.

Zum Aussterben verurteilt?

Der Wels, um den es hier geht, ist in vielerlei Hinsicht bemerkenswert. Als er 1988 zum ersten Mal nach Deutschland eingeführt wurde, erregte er mit seiner extrem kontrastreichen Zeichnung großes Aufsehen. Die ersten Exemplare waren schier unbezahlbar. In den folgenden Jahren wurde er in so großer Zahl gefangen, dass die Preise deutlich fielen.

Da er aber nur in einem kürzeren Abschnitt des Rio Xingu vorkommt, begann sich der Fangdruck auszuwirken: Die Population nahm ab, denn *Hypancistrus zebra* wächst langsam, wird erst spät geschlechtsreif und hat eine recht geringe Vermehrungsrate. Die Situation verschlimmerte sich noch erheblich durch eine starke Giftbelastung des Flusses. Schließlich wurden behördlicherseits ein Fang- und Exportverbot verhängt sowie eine wissenschaftliche Beobachtung angeordnet.

Das weckte Hoffnung auf den Erhalt der Art in ihrem Habitat, aber die Lage ist trotzdem hoffnungslos, denn das mittlerweile kaum noch aufzuhaltende Vorhaben, dort mit Belo Monte das drittgrößte Wasserkraftwerk der Welt zu errichten, bedroht nicht nur gleich eine ganze Reihe indigener Völker, sondern den Lebensraum der gesamten Flora und Fauna auf der Fläche und im Einzugsbereich der projektierten Stauseen. Besonders die endemischen (= nur in einem begrenzten Gebiet vorkommenden) Arten wären zum Aussterben verurteilt.

Gleichzeitig Schutz und drohende Vernichtung sind paradox. Am benachbarten Rio Tapajós, der ebenfalls eine große Zahl Endemiten beherbergt, sind übrigens gleich fünf ähnlich dimensionierte Kraftwerke in Planung.

20 Von Indien nach Thailand

Zum Schluss ein zwar ziemlich großes, von der Einrichtung und Technik sowie dem Besatz her betrachtet aber relativ „normales“ Aquarium: eine Fisch- und Pflanzengesellschaft aus Südasien.

Aquarium und Technik

Der Behälter ist eine Sonderanfertigung mit einer abgeschrägten Kante vorne rechts, die sich natürlich im Unterbau fortsetzt. Dadurch wirkt das Ganze nicht zu klobig. Der Unterschrank ist ein Eigenbau hauptsächlich aus 19 Millimeter starken Tischlerplatten. Zwei Zentimeter dicke Styroporplatten wurden so zurechtgeschnitten und auf den Unterschrank aufgeklebt, dass eine lückenlose Auflage für das Aquarium entstand.

Links ist ein Abteil separiert, auf dem das zurückgesetzte Außenfilterbecken von etwa 80 Litern Volumen, bestückt mit drei Schaumstoffmatten, steht. Als Antrieb dient eine Powerhead-Pumpe mit einer Förderleistung von etwa 1000 Litern pro Stunde. Zu- und Ableitung sind aus PVC-Rohren und Fittings geklebt.

Vor dem Filter und hinter der klappbaren Blende gibt es eine Aussparung, in der eine größere CO_2-Flasche, eine zusätzliche Filtersäule oder etwas Ähnliches stehen können. Derzeit ist dort eine 2000-Gramm-CO_2-Flasche untergebracht, die etwa zehn Wochen lang das Aquarium versorgen kann.

Wurde die CO_2-Zufuhr zunächst über ein elektronisches pH-Meter mit Elektrode gesteuert, erwies sich das im Lauf der Zeit als zu umständlich und störanfällig. Abgesehen von den Kosten für die regelmäßig auszutauschende Elektrode sind auch ‚neue' Elektroden nicht immer zuverlässig und problemlos kalibrierbar, wenn sie bereits eine längere Lagerzeit hinter sich haben.

Gesellschaftsaquarium für Fische und Pflanzen aus Südostasien.
Kleines Bild: Der Rohbau steht an seinem Platz. Blenden und Beschläge fehlen noch.

Auch die Oberfläche ist abwechslungsreich begrünt.

Limnophila-Arten wachsen nur unter kräftiger Beleuchtung zufriedenstellend.

Cryptocorynen und Moos bilden einen deutlichen Kontrast.

Licht und Temperatur

Zwei HQI-Leuchten von je 70 Watt brennen täglich zehn Stunden ohne Unterbrechung. Damit liegt die Beleuchtungsstärke für ein derart stark bepflanztes Aquarium sicher an der unteren Grenze, und es entsteht auch eine geringfügig dunklere Zone in der Mitte. Nimmt man bei der Positionierung der Pflanzen darauf Rücksicht, ist das kein Manko. Hier kommt ein großer Javafarnbusch mit der vorhandenen Lichtmenge bestens aus.

Denkbar wäre durchaus eine Beleuchtung mit drei 150-Watt-HQI-Brennern oder einer entsprechenden Leuchtstofflampenbestückung. Damit wäre eine gleichmäßigere, hellere Ausleuchtung gewährleistet. Allerdings lägen die Energiekosten höher, die Pflanzen würden noch schneller wachsen, folglich mehr CO_2 und Dünger verbrauchen und natürlich auch mehr Arbeit verursachen. Die konstante Wassertemperatur von 25 °C garantiert ein Regelheizer mit 300 Watt Leistung.

Einrichtung

Für die etwa anderthalb Quadratmeter Grundfläche sind bei einer Schichthöhe von durchschnittlich zehn Zentimetern, vorne etwas niedriger, dafür hinten etwas höher, ungefähr 150 Liter Sand oder Kies erforderlich. Auch vorne sollten es mindestens sechs Zentimeter Bodengrundhöhe sein, wenn *Cryptocoryne* einigermaßen gut gedeihen sollen. Hier ist es feiner Sand, der sich entgegen allen fortgeschriebenen Legenden bestens bewährt. Nirgends gibt es Faulstellen im Sand, und die Wurzeln aller Pflanzen sind knackig, weiß und dick.

Mit wenigen, dafür recht großen Wurzelholzstücken und flachen Steinplatten (Grauwacke von der Ahr) wird die Fläche gegliedert. Auf den meisten Holzstücken ist Javafarn aufgebunden, der dort allerdings wesentlich schlechter festwächst als auf poröserem, griffigerem Substrat, Lavabrocken etwa. Immerhin wächst er auch ohne allzu festen Halt auf dem Holz ganz prächtig und gibt so einen lebendigen Teil der Hintergrunddekoration ab, die sonst lediglich aus schwarzem Karton hinter der Rückwand besteht. Durch die dichte Begrünung ist die hintere Scheibe kaum auszumachen, weshalb sich eine aufwändigere Hintergrundgestaltung gar nicht lohnen würde.

An den Seitenwänden und der Rückwand ist die Bepflanzung hoch und fast geschlossen. Vorn und im Mittelgrund wachsen niedrigere Pflanzen und

Hygrophila corymbosa 'kompakt' wächst nur langsam in die Höhe, bildet aber enorm viele Blätter aus.

Großwüchsiger Javafarn eignet sich gut für die Außenbezirke und nicht so helle Zonen.

lassen den Fischen genügend Schwimmraum. Insgesamt entsteht der Eindruck einer klassischen Guckkastenbühne, in der wir mit einigem guten Willen den Ausschnitt aus einem kleineren Wasserlauf erkennen können, in dem man gegen ein Ufer blickt.

Bepflanzung

Einen besonderen, vorher als unterste Schicht eingebrachten Dünger gibt es nicht, auch keine zusätzliche Bodengrundheizung. Bei der vorhandenen Beleuchtung reichen spärliche Gaben, etwa zehn Prozent der empfohlenen Dosis, eines Tagesdüngers vollkommen aus, um ein mehr als zufriedenstellendes Wachstum zu erzielen. Nur die Cryptocorynen haben zusätzlich ein paar Lehmkugeln um die Wurzeln bekommen, was einen deutlich bemerkbaren Wachstums- und Vermehrungsschub zur Folge hatte und sie schneller als gewohnt zu einem dichten Wald heranwachsen ließ.

Die Fischgesellschaft

Obwohl die Stammbesatzung, vor allem die Barben und Bärblinge, aus Übernahmen diverser anderer Aquarien stammt, passt alles recht gut zusammen. Lediglich die Stückzahlen wurden aufgestockt, damit immer eine größere Gruppe beisammen ist.

Devario assamensis und *Systomus* (vormals *Puntius*) *rhomboocellatus* laichen häufig, *Rasbora kalochroma* verlangt für die Nachzucht weiches und saures Wasser, fühlt sich aber dennoch hier auch schon lange wohl.

Dass keine Jungfische aufkommen, liegt zum Großteil sicher an der Laichräuberei der Eltern und der Artgenossen. Dazu kommt das beständige hungrige Stöbern der Schmerlenbande, dem wohl kaum ein Laichkorn entgehen dürfte, obwohl das Pflanzendickicht an manchen Stellen eigentlich undurchdringlich sein müsste.

Dabei ist *Botia kubotai* sicher eine der angenehmeren Schmerlen. Viele Schmerlenarten fallen durch die stetige Belästigung anderer Fische im Gesellschaftsaquarium unangenehm auf. Möglich wäre allerdings auch ein größerer Trupp Schachbrettschmerlen *Ambastaya* (vormals *Botia*) *sidthimunki* gewesen, die ebenfalls meistens ganz verträglich sind.

Fast ständig ist ein Schaumnest der Mosaikfadenfische (*Trichopodus leeri*) in Betrieb. Von den daraus geschlüpften Jungfischen ernährt sich der Nachwuchs der Hechtlinge, der in den Schwimmpflanzen gute Deckung findet. Statt *Trichopodus* (vormals *Trichogaster*) kann man sich auch gut die eine oder andere *Trichogaster* (vormals *Colisa-*)Art vorstellen.

Die Grundeln führen ein eher beschauliches Leben und werden auch von den Schmerlen nicht belästigt. Liegen sie nicht auf dem Boden oder einem Pflanzenblatt, sind sie mit dem Abnagen des Aufwuchses auf den Holzstücken beschäftigt.

Leider verträgt sich das *Etroplus maculatus*-Paar nicht, obwohl es zu Anfang wunderbar harmonierte und auch schon mögliche Laichstellen an verschiedenen Blättern geputzt hat. Plötzlich brach Streit aus, und seither wollen die beiden nichts mehr voneinander wissen.

Vor diesem Paar bevölkerte ein Trupp einer anderen *E. maculatus*-Variante das Aquarium. Allerdings war das Geschlechterverhältnis mit einem Weibchen und fünf Männchen ungünstig. Die

Oben:
Puntius denisonii wird über 15 Zentimeter lang und muss in einer größeren Gruppe gepflegt werden.

Rechts oben:
Auch *Devario assamensis* lebt gern gesellig, wird aber höchstens zehn Zentimeter lang.

Rechts unten:
Die Rhombenbarbe (*Systomus rhomboocellatus*) bewohnt Schwarzwasser im Süden Kalimantans.

Links oben:
Botia kubotai ist eine der weniger nervigen Schmerlenarten.

Links unten:
Der Mosaikfadenfisch (*Trichopodus leeri*) braucht für seine Schaumnester eine ruhige Wasseroberfläche.

Oben:
Der Indische Buntbarsch (*Etroplus maculatus*) kommt trotz seiner deutschen Bezeichnung auch auf Sri Lanka vor.

pausenlosen Kämpfe der Männchen untereinander brachten gehörige Unruhe ins Becken, und so mussten sie ausziehen. Allerdings hatte das Weibchen mit immer demselben Männchen zuvor mehrfach erfolgreich eine Brut bis zum Freischwimmen betreut.

Wie viele Fische?

Obwohl man häufig Aquarien sieht, die wesentlich stärker besetzt sind, halte ich die hier angeführte Arten- und Individuenzahl für mehr als ausreichend. Auch Fische können sich gegenseitig auf die Nerven gehen – die Schmerlen tun das ohnehin manchmal – und sollten deshalb nicht so eng gepfercht werden, dass sie außer einem Herumstehen und ab und zu Hin- und Herschwimmen kein Verhalten zeigen.

Mein Verbesserungsvorschlag wäre eher, die Schmerlen wegzulassen, die Grundeln sind für die Bodenregion munter und putzig genug, und sogar auf eine der Cyprinidenarten zu verzichten. Dann gäbe es wahrscheinlich bald auch kleine Barben und Bärblinge. Allerdings sind die *Botia* schon lange hier zu Hause und bieten mit ihren rastlosen Aktivitäten später am Tag ein sehr abwechslungsreiches Bild, folglich bleiben sie drin.

Die Revierinhaberzahl zu erhöhen, würde zusätzlichen Stress nicht nur für die unterlegenen Artgenossen bedeuten, sondern auch die anderen Fische durch die beständige Unruhe in Mitleidenschaft ziehen. Also lieber wenige Arten und die Individuenzahl entsprechend der Lebensweise wählen! Dann haben wir nicht nur ein dekoratives Bild, sondern auch das „richtige“ Verhalten vor Augen.

Eine farblich schöne Lokalform des Streifenhechlings (*Aplocheilus lineatus* „Goa“).

Der Indische Stachelaal (*Macrognathus pancalus*) mag es öfter gesellig.

Wir richten ein Aquarium ein

Ein kleiner Grundkurs, der sich auf das konzentriert, was für eine richtige und ansprechende Aquarieneinrichtung wichtig ist.

Die Theorie wird möglichst knapp gehalten, wenn wir nicht ganz auf sie verzichten können.

Von der Idee bis zur Aufstellung

Seitdem die verschiedenen Schulen ihr jeweiliges System propagieren, sollten Sie mit solchen Anleitungen vorsichtig sein. Galt früher einfach „Sand, Wasser, Pflanzen", stolpern wir heute schon beim Bodengrund, der erst eine Unterlage aus einer speziellen nährstoffreichen Substanz bekommen kann.

Der Beginn einer wunderbaren Freundschaft? Viele Aquarianer haben zu Beginn ihrer Laufbahn vor einem leeren 60-Zentimeter-Aquarium gestanden.

Fangen wir mit dem einfachsten System an, das weder eine besonders intensive Beleuchtung noch eine CO_2-Anlage bekommen soll, dann gilt die obige Reihenfolge noch: Sand, Wasser, Pflanzen. Auch auf den Gefahrenherd Gartenerde verzichten wir dabei, obwohl er verschiedentlich empfohlen wird und bei großer Vorsicht und Erfahrung auch sein Gutes haben kann. Trotzdem schlummert da ein potenzieller Algentreibsatz, und den sollten wir einfach vermeiden.

Ist eine Rückwand geplant, die innen angebracht wird, muss die natürlich als Erstes so be-

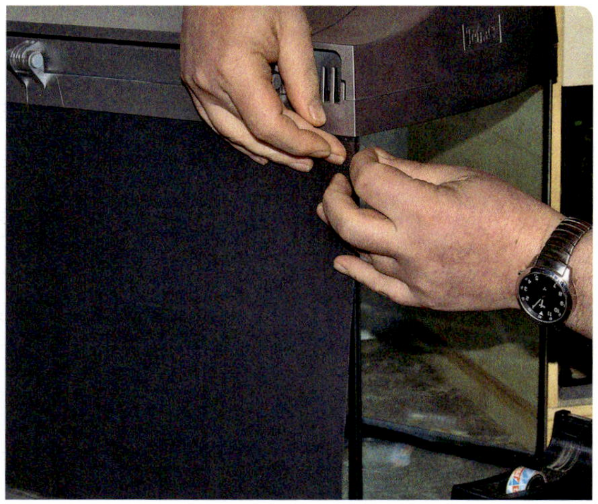

Die einfachste, aber nicht die schlechteste Lösung: schwarzen Fotokarton mit Klebeband fixieren.

Sand waschen

Die Portion, die wir für ein Zehn-Liter-Nano-Würfelchen benötigt, bekommen wir auch in der Spüle in der Küche sauber: Einen kleinen Eimer mit wenig Bodengrund beschicken, Wasser drüber, mit der Hand umrühren, Schmutzwasser vorsichtig abgießen. Das wiederholen wir so lange, bis nach dem Rühren keine Trübung mehr zu erkennen ist. Je größer das Aquarium, desto mehr Arbeit steht uns bevor: einen Zehn-Liter-Eimer zu einem Viertel mit Sand oder Kies beschicken und dieselbe Prozedur anwenden wie oben. Nur ist es hier von Vorteil, wenn wir das Schmutzwasser in die Toilette abgießen oder alles gleich ins Freie verlagern, wo mitgeschüttete Sand- und Kiespartikel keinen Abfluss verkratzen oder verstopfen können.

Der Sand wird gleichmäßig auf der ganzen Bodenscheibe verteilt.

Der untergestellte Teller verhindert, dass der Sand durch das einlaufende Wasser aufgewühlt wird.

festigt werden wie vorgesehen – Näheres dazu auf Seite 107. Wird der rückwärtige Abschluss außen auf die Rückscheibe geklebt oder gemalt, erledigen wir das nach einer sorgfältigen Reinigung der Scheibe auch am besten jetzt schon. Putzen wir die Scheibe nicht gründlich, werden wir uns noch lange über die überdeutlich sichtbaren Tropfen- oder Dreckspuren ärgern.

Ist das Aquarium nach dem Einrichten noch von hinten zugänglich, können wir aber auch die Hintergrunddekoration als krönenden Abschluss der Arbeiten anbringen.

Erdarbeiten

Den Sand oder Kies – mehr dazu im Kapitel „Bodengrund" auf Seite 98 – waschen wir so gründlich aus, bis das Spülwasser absolut klar bleibt. Große und schwere Steine werden jetzt schon auf

Die Dekoration platzieren wir vor dem Einpflanzen. Die Bodenwellen werden sich nicht lange halten.

der Bodenscheibe positioniert; ängstliche Gemüter legen zuvor eine Styroporplatte in entsprechenden Abmessungen darunter.

Der sauber gespülte Bodengrund wird jetzt im Becken verteilt, wobei eine Terrassierung ohne Stützelemente sinnlos ist. Die häufig zu lesende Empfehlung, den Boden von vorn nach hinten ansteigen zu lassen, führt nur dann zum Erfolg, wenn man mit Steinen, Wurzelstücken oder anderem passenden Dekorationsmaterial ein Zusammenrutschen von Sand oder Kies verhindern kann.

Vorsichtig fluten

Haben wir die gesamte Menge auf den Boden geschichtet, wird so viel Wasser eingelassen, dass man einerseits die Pflanzen gut einsetzen kann, andererseits aber noch bequem mit der Hand in Bodennähe arbeiten kann, ohne sich die hochgerollten Ärmel nass zu machen.

Damit das einlaufende Wasser nicht wieder die ganze Bodenstruktur einebnet oder durcheinanderwirbelt, stellen wir einen flachen Teller unter den Strahl. So spritzt es vielleicht ein wenig zur Seite, wühlt aber den Bodengrund nicht mehr auf. Bei kleinen Aquarien oder kleinen Wassermengen genügt auch die hohle Hand in Höhe des Wasserspiegels, in die das Wasser aus dem Gefäß oder dem Schlauch trifft. Auch dann passiert nichts.

Wir können aber auch trocken weiterarbeiten und das Wasser erst nach der Bepflanzung einfüllen. Bei kleinen Aquarien oder nur wenigen Pflanzen ist das kein Problem. Brauchen wir aber länger dazu, sollten wir die Pflanzen in kürzeren Abständen mit Wasser besprühen, damit sie nicht austrocknen.

Und noch die Deko, Pflanzen und Technik

Jetzt sollten wir alle größeren Dekorationsstücke, die nicht direkt auf dem Aquarienboden aufliegen, an ihre endgültigen Plätze legen oder stellen. Nach dem Bepflanzen reißt man sonst die ja noch nicht verwurzelten Gewächse zu schnell wieder aus dem Boden.

Die vorbereiteten Pflanzen (siehe Seite 133) werden nun eingesetzt, anschließend Heizer und Filter so platziert, dass sie nicht allzu sehr ins Auge fallen, und das Aquarium letztendlich bis zur vorgesehenen Höhe aufgefüllt. Zum Schluss wird die Technik in Betrieb genommen, die Deckscheibe aufgelegt und die Beleuchtung eingeschaltet. Fertig.

Variationen und Varianten

Geht es um die optimalen Bedingungen für den Pflanzenwuchs, können wir schon beim Bodengrund etwas andere Wege gehen. Als erstes verlegen wir das Heizkabel einer Bodenheizung sorgfältig im Zickzack und schichten danach einen speziellen Bodengrund mit entsprechenden Nährstoffen gleichmäßig hoch ein.

CO_2-Zugabe im Miniaturformat.

Erst jetzt kommt der sauber gewaschene Sand oder Kies darüber. Die weiteren Arbeiten laufen ab wie oben beschrieben, nur eine zusätzliche CO_2-Anlage wird noch installiert und einjustiert.

Viele kleinere Komplett-Sets, vor allem die allseits beliebten Nano-Würfel, kommen bereits mit allem ausgestattet daher, was man zur Einrichtung benötigt, bis auf die Pflanzen. Ähnlich wie beim eben erläuterten Pflanzenaquarium bildet eine Depotdüngermischung die untere Bodenschicht. Nur auf die Bodenheizung können wir hier getrost verzichten, zumal es sie in entsprechend winzigen Dimensionen auch (noch) gar nicht gibt, die miniaturisierte CO_2-Anlage hingegen schon.

Planen Sie das genaue Gegenteil davon, eine Schwarzwasserbiotop-Angelegenheit ohne jegliche Begrünung, fällt von vornherein viel Arbeit weg. Als Bodengrund genügt eine dünnere Schicht gut gewaschenen Materials, das Bepflanzen entfällt. Nur Steine und Wurzeln fallen möglicherweise in größeren Mengen und/oder Kalibern an.

Aquarien einfahren

Es ist eine Unzahl von Produkten auf dem Markt, die es ermöglichen sollen, sofort nach dem Einrichten auch die Fische ins Aquarium zu setzen. Fast immer sind dabei „Starterbakterien" im Spiel, die den Zeitraum, der sonst für die Besiedelung des Filtermaterials durch die Nitrit reduzie-

Direkt nach der Bepflanzung wirkt ein Aquarium meistens noch etwas armselig.

renden Bakterien nötig ist, extrem verkürzen oder ganz wegfallen lassen sollen. Abgesehen vom nicht immer zuverlässigen Funktionieren mancher Produkte liegt da wohl aber noch ein Missverständnis vor, denn es geht es nicht nur ums Nitrit und die Bakterien, sondern um noch etwas anderes: Das gesamte System muss sich langsam einpendeln.

Dazu gehört erst einmal das Anwurzeln und Anwachsen der Pflanzen, die auch erst nach einigen Tagen sich ausgerichtet und den Beleuchtungsrhythmus angenommen haben und erst allmählich so funktionieren, wie sie das tun sollen. Etwa gleichzeitig siedelt sich neben den Filterbakterien peu à peu eine Mikrofauna und -flora an, die ebenfalls eine Weile zur Stabilisierung braucht. Und nicht zuletzt bleibt uns so genügend Zeit, unser Werk zu beurteilen und hier und da noch Korrekturen vorzunehmen, ohne gleich den gesamten Fischbesatz zu beunruhigen.

Als eine Möglichkeit, gleich von Anfang an vorbeugend gegen Algen tätig zu werden, empfiehlt die Aquascaping-Schule den baldestmöglichen Besatz mit Amano-Garnelen, die von Natur aus Algen-, aber keine Pflanzenfresser sind. Zu Zeiten des „optimalen Aquariums" dachte man noch in größeren Dimensionen und beauftragte damit Rüsselbarben und ähnliche Flossenträger.

Inwieweit man Tiere zu Dienstleistern machen will, hängt von Geschmack und persönlicher Einstellung ab. Solange sie auch außerhalb ihrer zugedachten Aufgabe gute Bedingungen vorfinden, spricht wohl nichts dagegen.

Ein mit allen Wohltaten der modernen Aquarientechnik versehener Nano-Würfel nach der Einfahrphase.

Nach drei Wochen sieht das schon ganz anders aus. Die Pflanzen sind gehörig ins Kraut geschossen.

Drei Wochen Pause

Drei Wochen sollten Sie dem Aquarium zugestehen, bis die Pflanzen ihre endgültige Form gefunden haben, neue Blätter und Ausläufer zu sehen sind und Sie zum ersten Mal die Frontscheibe putzen mussten. Und natürlich spielt das Nitrit jetzt doch eine große Rolle, denn es darf nicht mehr nachweisbar sein. Um das festzustellen, genügt ein Tröpfchentest, den Sie in jedem Zoofachgeschäft bekommen.

Bodengrund

Der Bodengrund gehört zu den Themen, die wie Licht und Filterung nächtelange Diskussionen unter Fachleuten und solchen, die es gerne wären, auslösen können. Nüchtern betrachtet erfüllt er je nach Aquarienart unterschiedliche Aufgaben:

Dient er in Pflanzenaquarien als Wurzelgrund und Nährstoffdepot, darf auch nicht die langsame Wasserzirkulation behindern, so genügt dem Biotopaquarianer pflanzenfeindlicherer Observanz der authentische Abschluss nach unten. Pflegt man *Corydoras* oder *Geophagus*, wird man darauf achten, dass die Tiere sich nicht verletzen können und den Sand ohne Gefahr nach Nahrung durchsuchen können. Dem Salmlerzüchter ist das wiederum in der Regel vollkommen gleichgültig, während der *Nothobranchius*-Züchter darauf achten wird, dass die Fische zum Laichen in den Boden eintauchen können. Und das waren nur ein paar Beispiele. Man muss also vor dem Einkauf wissen, welche Pflanzen und Fische das Aquarium bewohnen sollen.

Hinweis

Auf jeden Fall scheiden scharfkantiger Sand und Kies von vornherein aus, denn die bei weitem meisten Fische geraten irgendwann und irgendwie in Kontakt mit dem Substrat und dürfen sich dann nicht wundscheuern und -kratzen oder sogar ernsthaft verletzen.

Welches Material?

Sand und Kies sind ja nichts anderes als durch natürliche oder unnatürliche Prozesse kleingemachte Steine. Oft lassen die Bezeichnungen schon erkennen, um welches Material es sich handelt – Quarzsand oder Marmorkies sind gebräuchliche Begriffe. Häufig ist das aber nicht der Fall, und wir müssen entweder der Sache auf den Grund gehen oder dem Fachhandel vertrauen, wobei Letzteres durchaus zu empfehlen ist.

Eine kleine Kontrolle mit einem Tröpfchen Säure schadet aber nie: Wie bei den größeren Steinen gibt man einen oder zwei Tropfen Salzsäure, Entkalker und Essigessenz funktionieren auch, eine kleine Probe. Schäumt es, ist **Kalk** enthalten. Dann wird es mit dem Weichwasseraquarium nichts, die Tanganjikasee-Cichliden freuen sich aber. Mittlerweile gibt es auch **kunststoffummantelten Kies** und noch andere Besonderheiten wie **selbstreini-**

Nicht nur eine Geschmacksfrage: Vorbehandelter Bodengrund kann – muss aber nicht – Risiken bergen.

genden Bodengrund. Ob Sie solchen Produkten Vertrauen schenken können, lässt sich oft nur durch Ausprobieren herausfinden, eine generelle Aussage gibt es hierzu nicht.

Am besten verwenden Sie bewährte, chemisch inaktive Materialien und nehmen eventuelle Beeinflussungen und Wirkungen selbst in die Hand. Mit **Quarzsand** oder -kies können Sie jedenfalls kaum etwas falsch machen, wenn, ja wenn Sie ihn im Zoofachhandel kaufen. Denn die Säcke aus dem Baustoffgewerbe enthalten oft scharfkantigen Sand, was man vielleicht nicht sofort bemerkt.

Die Farbfrage

Auch das Unterthema Farbe hat die Aquarianergemüter schon oft und lange beschäftigt. Es stimmt, dass dunkler Bodengrund sich in unserem Sinne positiv auf die Farben vieler Fische auswirkt: Sie werden intensiver. Es stimmt aber auch, dass das nicht nur vom Bodengrund abhängt und dass der Bodengrund selbst auch nicht nur eine Farbe haben muss.

Vorneweg: Es spricht überhaupt nichts dagegen, einen dunklen Kies oder Sand zu verwenden. Nur muss der natürlich einwandfrei sein. Vor einigen Jahren war man zuerst über die gute Verwendbarkeit schwarzer **Hochofenschlacke** glücklich, bis sich die massiv enthaltenen Schwermetalle negativ bemerkbar machten und viele Fische starben. **Basaltsplitt** ist in der Hinsicht unbedenklich, allerdings rasieren sich vor allem Panzerwelse daran die Barteln ab. Gleiches gilt für die meisten **Lavakiessorten**.

Mittlerweile gibt es gut geeigneten farbigen Bodengrund von diversen Herstellern speziell für die

Mittlerweile ist die Auswahl an unterschiedlichen Bodengrundfarben wahrlich groß genug.

Aquaristik. Nehmen Sie Braun oder Schwarz, kann das noch halbwegs natürlich wirken. Im Falle von Blau oder Gelb müssen Sie sich wahrscheinlich öfter für Ihre Wahl rechtfertigen, außerdem wäre das ja auch kein ‚dunkler' Bodengrund, sondern nur ein kitschiger.

Effekte erzeugen

Allerdings ist der dunkle Bodengrund nur ein Hilfsmittel, mit dem man einen Effekt erreichen möchte, der in der Natur auf ganz andere Weise entsteht. Mulm, sogar Schlamm, totes Laub in manchmal meterdicker Schicht, dunkle Gesteinsformationen und oftmals Holzeinlagerungen schaffen dort ebenso eine schummrige Atmosphäre wie das oft eher spärliche Licht, das durch die Beschattung von Urwaldbäumen und/oder der Ufervegetation entsteht. Auch wenn die Umsetzung solcher Verhältnisse im Maßstab 1:1 nicht gelingen kann, haben wir doch einige Möglichkeiten, selbst ganz ähnliche Wirkungen zu erreichen. Damit beschäftigen wir uns aber näher in den Kapiteln „Dekorationsmaterial" und „Wasser".

Neu sind die Spielereien mit unterschiedlich farbigem Material. Ein Streifen hellen Sandes stellt dann in einer sonst komplett dunklen Fläche einen Wasserlauf in einer Ebene dar. Abgesehen davon, dass bestenfalls Garnelen die Konturen unverändert lassen, aber schon Schnecken und kleine Fische in kurzer Zeit daraus ein nur noch merkwürdiges und eher unscharfes Muster machen, gehört das nach Ansicht der einen ins Kapitel ‚Aquascaping', nach Ansicht der anderen nur auf die Modelleisenbahn.

Da es hier um die optische Wirkung geht: Ein paar Hände voll groben Kies oder sogar kleiner Steine belebt das sonst eintönige Bild einer Fläche ohne unterschiedliche Struktur ungemein. Da wirkt die Unordnung natürlich.

Grob oder fein?

Mit der Entscheidung für eine bestimmte **Farbe** haben wir die Bodengrundfrage aber immer noch nicht erschöpfend beantwortet. Es bleibt die **Körnung**.

Ohne ein zusätzliches Kapitel zu eröffnen und nur in Kürze: Auch die **Form** der einzelnen Sand- und Kieskörner ist nicht unwichtig. Dass Scharfkantiges nicht in Frage kommt, hatten wir schon. Aber je nach Material und Entstehung gibt es auch verschiedene Formen mit abgerundeten Kanten. Das reicht von kugelig über stäbchenförmig bis blättchenartig.

Auf dem Millimeterraster sind die Korngrößen gut zu unterscheiden.

Was ist Sand? Was ist Kies?

Damit wir wissen, wovon wir reden, stellen wir erst einmal begriffliche Klarheit her. Glücklicherweise sind in in unserem Fall Geologe und Maurer derselben Ansicht, sodass man nur eine Definition bemühen muss: Sand hat eine Korngröße von 0,063 bis 2 Millimetern, Kies reicht von 2 bis 63 Millimetern Durchmesser' alles, was größer ist, heißt Stein.

Und da sie in der Aquaristik durchaus eine Rolle spielt, hier noch die Feinjustierung:

feiner Sand:	0,06	bis	0,2 mm,
mittelfeiner Sand:	0,2	bis	0,6 mm,
grober Sand:	0,6	bis	2,0 mm,
feiner Kies:	2,0	bis	6,3 mm,
mittelgrober Kies:	6,3	bis	20 mm,
grober Kies:	20	bis	63 mm.

Eine zuverlässige **Durchströmung** erreicht man mit möglichst kugelförmigen Körnern, die die Zwischenräume im Substrat etwa gleich groß bleiben lassen. Das ist zugleich auch ein Argument gegen den scharfkantigen Sand: Er verbackt leicht, und dann entstehen die gefürchteten schwarzen **Faulstellen** im Boden, die mit ihren giftigen Gasen sogar den Fischen gefährlich werden können.

Ob grob- oder feinkörnig haben wir aber immer noch nicht entschieden. Fürs Grobe spricht die gute Durchströmbarkeit. Doch das trügt. Nicht nur, dass der Durchfluss viel zu stark ist und ein optimales Wuchsklima für die Pflanzenwurzeln kaum entstehen kann, hier sickert auch jeder Dreck und Mulm zwischen die Ritzen, verschwindet aus unserem Blickfeld und gaukelt ein sauberes Aquarium vor – wobei ‚sauber' gar nicht einmal so besonders erstrebenswert ist. Aber wir haben einen **unkontrollierten Untergrund**, der auch so arbeitet und die Wasserwerte in Richtungen beeinflussen kann, die überhaupt nicht in unserer Absicht liegen.

Auch für sehr kleine, noch nicht frei schwimmende **Jungfische** kann ein solch grobkörniger Bodengrund zur fatalen Falle werden, denn sie

Gut zu wissen

Greifen wir also zu ‚fein' oder ‚mittelfein', jedenfalls zu qualitativ hochwertigem Sand, dann kann eigentlich nichts Schlimmes mehr geschehen, und auch die Pflanzen bekommen ihr richtiges Wurzelklima.

fallen oder rutschen zwischen die Steinchen und kommen dort um. Besonders Zwergcichlidenlarven, die meistens in Gruben abgelegt werden, werden so zu Opfern.

Andere Substanzen

In speziellen Fällen müssen Sie zu anderen Materialien greifen. Bodenlaichende Killifische beispielsweise laichen eben nicht auf, sondern im Boden: Männchen und Weibchen tauchen gemeinsam ins Bodensubstrat ein und geben dort ihre Geschlechtsprodukte ab. Meistens bekommen solche Fische vom Aquarianer eine **Bodenschicht** aus Torffasern oder wenigstens eine genügend große Torfschale spendiert.

Eine natürlich wirkende Bodenschicht aus totem Laub wäre zwar für viele kleine Fische aus Urwaldbächen eine natürliche Angelegenheit, Sie müssen aber dabei auch darauf achten, dass zerfallende Blätter – abgestorbene Blätter zersetzen sich nun einmal – auch das Wasser belasten. Mehr zu Torf, Blättern & Co. im Kapitel „Dekoration“.

Wie viel Sand oder Kies?

Eine gewisse Mindestdicke des Bodens brauchen auch kleine und flach wurzelnde Pflanzen. Es ist sinnlos, in einer zwei Zentimeter starken Schicht einen halbwegs gedeihenden Cryptocorynen-Bestand heranziehen zu wollen, von großen *Echinodorus* oder anderen mächtigeren Gewächsen ganz zu schweigen. Selbst Stängelpflanzen werden Sie darin nur schwerlich zum Festhalten bewegen können.

Außerdem will man häufig durch unterschiedlich terrassierten Boden mehr Abwechslung ins Aquarium bringen, setzt also sowieso **unterschiedliche Schichtstärken** an. Dann kann man beides gleich unter einen Hut bringen und die Flachwurzler im dünnsten Bereich, die großen Solitäre logischerweise in der dicksten Schicht unterbringen.

Als Minimum für ordentlichen Pflanzenwuchs können Sie drei Zentimeter Stärke ansetzen, große, tief wurzelnde Pflanzen brauchen ohne Weiteres zehn bis 15 Zentimeter. Unbepflanzte Bereiche – ein Streifen im Vordergrund vielleicht – erfordern natürlich keine Mindeststärke.

Am besten nehmen Sie sich ein Stück Papier und überschlagen, wie hoch der Bodengrund wäre, wenn man alles auf gleichem Niveau einebnen würde. Dann rechnen Sie anhand der Formeln hier im Kasten bequem aus, wie viel Sie einkaufen müssen.

Bedarf ausrechnen

Zuerst müssen Sie Ihren Bedarf als Volumen ausrechnen. Die Formel dafür ist einfach: Länge × Breite × Höhe. Soll ein Aquarium mit der Grundfläche von 80 × 40 Zentimetern eine durchschnittlich sechs Zentimeter hohe Bodengrundschicht bekommen, muss ich 80 cm × 40 cm × 6 cm = 19200 cm^3 = 19,2 Liter besorgen.

Da Sand und Kies aber nicht nach Volumen, sondern nach Gewicht verkauft werden, ist noch eine kleine Anschlussrechnung nötig, zu der man aber wissen muss, was Sand und Kies wiegen. Ganz genau kann das wohl niemand sagen, denn jeder Sand ist anders, aber wenn wir folgende Faktoren annehmen, liegen wir ganz gut: Trockener, feiner Sand wiegt etwa 1,5 kg pro Liter; je gröber das Material – und je schwerer das Ursprungsmaterial –, desto schwerer wird die Angelegenheit. Groben Basalt- oder Granitkies kann man ruhigen Gewissens mit 2 kg pro Liter ansetzen.

Kommen wir zu unserem Beispiel zurück, dann benötigen Sie, soll es feiner Sand sein, etwa (19,2 × 1,5 =) 28,8 kg. Bei grobem Kies landen Sie bei einem Bedarf von 38,4 kg.

Terrassiertes Terrain wirkt nicht nur optisch ansprechend, es sorgt auch für genügend Tiefe für die Wurzeln größerer Gewächse.

Gestaltung (Terrassen)

Nach dem Wie und Womit bleibt als Aufgabe die eigentliche Innenarchitektur. Eine ebene Fläche ist den meisten Aquarianern zu langweilig, und sie unternehmen die seltsamsten Kunststückchen, um da ein bisschen mehr Abwechslung zu erreichen. Das Stichwort heißt Terrasse.

Aber auch dabei sollten Sie zuerst an die Pflanzen denken und die **Bodenarchitektur** mit dem **Pflanzplan** in Übereinstimmung bringen. Danach müssen Sie sich für eine Lösung entscheiden, die ein Ineinanderrutschen des Bodengrundes zuverlässig und dauerhaft verhindert. Schiebt man nämlich lediglich in bestimmten Bereichen den Sand oder Kies höher zusammen als in anderen, wird er sich im Laufe einer überraschend kurzen Zeit völlig gleichmäßig im Aquarium zu einer ebenen Fläche verteilen – das ist so sicher wie das Amen in der Kirche.

Mit ein bisschen Wühlen in der Wurzelkiste beim Zoohändler oder offenen Augen bei Spaziergängen werden Sie genügend Material entdecken.

Gut zu wissen

Es braucht stützende und dämmende Elemente, die unsere Terrassenbauerei dauerhaft geraten lassen. In erster Linie entscheidet hier wieder der persönliche Geschmack, und es soll Aquarianer geben, die zumindest behaupten, eingeklebte Glasstreifen schön zu finden.
Möchten wir es lieber etwas natürlicher, greifen wir zu Steinen oder Holzstücken, die mit ihrer Form unseren Absichten entgegenkommen.

Rückwände

Den Fischen dürfte es eher gleichgültig sein, welche Art von hinterem Abschluss ihr Aquarium hat, obwohl die Annahme, dass ein undurchsichtiger Hintergrund ihnen ein gewisses ‚**Sicherheitsgefühl**' vermittelt, einiges für sich hat.

Gut zu wissen

In erster Linie ist die Rückwandgestaltung stark am optischen Eindruck beteiligt, den der Betrachter vom Aquarium bekommt, gehört in den meisten Fällen also eher zur Kür als zur Pflicht.

Sie sollten allerdings den Aufwand, den Sie treiben, davon abhängig machen, ob die Rückwand im Endresultat wirklich noch eine besondere Rolle spielt. So sind stark bepflanzte Aquarien oft so dicht begrünt, dass man die hintere Scheibe sowieso nur noch an wenigen Stellen sehen kann. Auch bei großzügigem Einsatz von Wurzelholz oder Gestein – wahlweise südamerikanisch oder ostafrikanisch – bleibt von der hinteren Fläche kaum noch etwas, das man dekorieren müsste.

Nicht irgendeine

Überhaupt sollten Sie sicherstellen, dass die Rückwand auch thematisch passt. Eine Folie mit vielen schön grünen Pflanzen hinter einem Malawiseeaquarium wirkt nicht nur unglaubwürdig, sondern lenkt auch stark von dem vielleicht ganz hübsch eingerichteten Aquarium selbst ab. Das mag jetzt ein krasses Beispiel gewesen sein, aber auch der Blick auf eine rindenähnlich strukturierte Oberfläche, die einheitlich die ganze Rückwand bedeckt, könnte beim Betrachter die Frage auslösen, was das eigentlich vorstellen soll. Wie sehr solche Überlegungen in die Hintergrundplanung einfließen, bleibt immer Sache des Aquarianers, aber es schadet bestimmt nicht, wenn die gesamte Inneneinrichtung einer gewissen Logik folgt.

Ein häufiges und schon sehr lange verwendetes Motiv ist der **Blick gegen das aufsteigende Ufer**. Das liegt vor allem daran, dass Aquarien aus verschiedenen Gründen nahezu ausnahmslos länglich rechteckig sind und fast immer eine lange Seite auch die zum Betrachter gerichtete Frontscheibe ist. Der entsprechende Gewässerausschnitt hätte dann als eine Begrenzung eben jenes aufsteigende Ufer.

Ähnlich ist es mit den **Blick begrenzenden Felswänden** in den ostafrikanischen Seen – auch ein schon seit Jahrzehnten bewährtes Modell. Jünger ist **der überschwemmte Wald**, auf den wir weiter unten in diesem Kapitel noch zu sprechen kommen. Auch das eher pflanzenarme Aquarium, das dafür aber von einer **Ufervegetation** gesäumt wird, werden wir uns noch genauer besehen.

Ein Aquascape mit Sonnenaufgang, eingerichtet auf der Heimtiermesse in Hannover 2009.

Andere Beckenformen

Bleiben noch die Sonderformen, die erst durch die heute möglichen Aquariengrößen und -formate möglich geworden sind. Da ist einmal der große **Zylinder**, der natürlich kein ‚Hinten' im eigentlichen Sinne hat und fast immer mit einer zentralen Großdekoration, die bis nahe an die Oberfläche reicht, ausgestattet wird, sodass am Ende ein Ring draus wird. Große, vor allem **tiefe Aquarien** ermöglichen auch gut die Aufstellung als **Raumteiler**, wobei eine Schmalseite dann zur Rückwand wird. Das lädt geradezu dazu ein, einen Gewässerquerschnitt – wenigstens einen Ausschnitt daraus – als Vorbild zu nehmen und an der hinteren Seite den Boden wirklich als Ufer bis zur Oberfläche zu ziehen.

Eine ganz andere Rolle spielt die Rückwandgestaltung beim **Aquascaping**. Da geht es eher darum, einen Eindruck von Weite zu schaffen, da die Inneneinrichtung selbst ja an Landschaften oberhalb des Wasserspiegels erinnern soll. Oft wird ein hinterer Abschluss weggelassen, manchmal eine helle Fläche eingesetzt, die obendrein auch noch mittels zusätzlicher Beleuchtungseffekte den Horizont nach hinten verschiebt.

Fotorückwände

Sie können sie als Meterware oder in bestimmten Abmessungen für wenig Geld kaufen, und Sie haben wenig Arbeit damit. Acht geben sollten Sie

Gut zu wissen

Vor dem Aufbringen dürfen Sie nicht vergessen, die Rückscheibe von außen gründlich zu putzen, sonst ärgern Sie sich fortwährend über den gut sichtbaren Schmutz. Was man erst später merkt: Jetzt muss man auch regelmäßig die Rückscheibe von innen reinigen, denn die Algen dort machen auch die prächtigste Fotofolie unansehnlich.

Fehlen nur noch die Indianer. Folienrückwände gibt es mit wahrhaft unterschiedlichen Motiven.

Tipp

Sprühen Sie die Glasscheibe zuerst mit Wasser ein, passen dann die Folie an einer Kante genau an und ziehen sie zum Schluss von außen mit einem Gummiwischer glatt, bekommen Sie auch eine blasenfreie Rückwand.

bei der **Motivwahl**, denn es entsteht ein eher peinlicher Eindruck, wenn auf der Folie hinter der Rückscheibe die prächtigsten Pflanzen gedeihen, im Aquarium selbst aber nur dürre Stängel gegen Blaualgen ankämpfen.

Mittlerweile gibt es auch verschiedene Holz- und Steinfolien, die neutraler wirken.

Schwarz ist unsichtbar

Sicherlich die unspektakulärste, aber trotzdem eine der bewährtesten Lösungen ist die einfach schwarze Rückwand. Schwarz ist optisch unauffällig, wenn sich davor viel Grünes abspielt. Und auch bei einer eher pflanzenarmen, aber strukturierten Einrichtung lenkt der schwarze Abschluss nicht vom Geschehen im Aquarium ab.

Am einfachsten lässt sich der zurechtgeschnittene **Fotokarton** mit Klebeband anbringen. Er kann auch problemlos wieder abgenommen oder ersetzt werden. Das geht beim **Lackieren** mit schwarzer Farbe – am besten mattem Acryllack, nicht ohne Weiteres. Dafür bekommen Sie mit dieser Methode am zuverlässigsten eine einheitliche Fläche, die auch nicht verschmutzen kann.

Die dritte Variante ist eine aufziehbare **Folie**, die Sie leicht auch wieder entfernen können. Danach müssen Sie allerdings ein bisschen suchen. Bei den Nano-Würfeln einer bestimmten Firma gehört sie als selbstklebende Abziehfolie zur Komplettausstattung. Sonst bekommt man sie am ehesten im Fachhandel für Dekorateure.

Hintergrundplastik

Völlig aus der Mode gekommen ist die eher aufwändige Plastik hinter der Rückscheibe, die sehr beliebt war, als man im Aquarium noch um jeden Zentimeter Raum kämpfte und mit einer Lösung im Becken selbst nicht noch mehr von der ohnehin schon geringen Tiefe verschenken wollte. Für kleinformatige Behälter wäre das heute wieder eine ganz interessante Lösung.

In einem Holzrahmen waren da Steine, Rinden, Gräser – entweder sortenrein oder bunt durcheinander – versammelt, was einen irgendwie natürlichen Eindruck hervorrufen sollte. Gar nicht mal unattraktiv wirken auch abstrakte Gebilde, die man etwa aus zerknülltem Papier, das mit der Spritzpistole farblich behandelt wird, herstellt. Wollen Sie sich die Farbe sparen, ergibt sogar das grau-weiß-grün marmorierte Deckpapier einer bekannten Aktenordnersorte einen ganz ordentlichen optischen Abschluss.

Baumartiges aus Korkrinde oder Ton

Mit einer Kombination aus schwarzem Hintergrund und Korkrinde vor der rückwärtigen Scheibe lässt sich ein ziemlich glaubhafter Eindruck eines überschwemmten Waldgebietes erreichen – für viele Fische in Äquatornähe während eines Großteils des Jahres typischer Lebensraum.

Die „Amazonas"-Rückwand: perfekte Nachbildung mit allerdings stattlichem Raumbedarf.

Gut zu wissen

Von Nachteil ist der Zwischenraum, der sich zwischen Rinde und Rückscheibe zwangsläufig bildet und der sich kaum zuverlässig abdichten lässt. Dort verstecken sich die Fische am liebsten, wenn Sie sie herausfangen wollen. Noch schlimmer wirkt sich das aus, wenn Sie über die gesamte Breite der Rückwand solche Rindenstämme verteilt haben.

Statt der Korkrinde lässt sich natürlich auch alles andere verwenden, das nach Baum aussieht. Mit einigem Geschick können Sie einen solchen Baumstamm auch selbst aus verschiedenfarbigen Tonsorten selbst modellieren. Selbstgetöpfertes kann man in vielen Hobbymärkten brennen lassen, Sie müssen sich also nicht zwangsläufig einen eigenen Brennofen anschaffen.

Der Kauf einer Rolle Korkrinde macht aber sicher weniger Mühe. Sie müssen relativ genau die Länge ausschneiden, die vom Glasboden bis unter die hintere Längsstrebe des Aquariums reicht. Dann schrubben Sie die Rinde mit einer Drahtbürste unter der heißen Dusche, damit möglichst wenig anhaftendes organisches Material – gemeinhin Schmutz genannt – ins Aquarium gelangt und passen sie dann wie geplant zwischen Bodenscheibe und oberer Strebe straff ein.

Eine Möglichkeit, den Zwischenraum zu vermeiden, wäre das plane Aufkleben von Rindenstücken auf einer geeigneten Unterlage. Allerdings verschenken Sie dann wieder den Eindruck der Baumcharakteristik.

3D-Rückwände

Unter dieser Bezeichnung firmieren Gebilde aus verschiedenen Materialien, die Sie entweder in unterschiedlicher Qualität fertig kaufen oder mit ein wenig handwerklichem Geschick auch selbst herstellen können.

Furore machte ein nach dem größten südamerikanischen Fluss benanntes Modell, das auch wirklich einen erstaunlich realitätsnahen Effekt ergibt. Allerdings sieht man diese Rückwand mittlerweile auf jeder Ausstellung, sodass sich der Eindruck ein bisschen in Richtung Konfektionsware abgenutzt hat. In solcher Perfektion können Sie das zu Hause kaum nachahmen, weil Formerstellung und Herstellung doch aufwändig und kompliziert sind. Es beginnt mit dem Abformen einer realen Fläche mittels Latex. Daraus entsteht eine Form, die für die Produktion geeignet ist. Die damit erstellten Rohlinge werden dann in Handarbeit mit der Spritzpistole sorgfältig koloriert.

So erklären sich auch die nicht gerade niedrigen Preise für die wirklich guten Modelle. Einem Laien wird ohne die Abformtechnik auch kaum eine derart detaillierte und naturgetreue Darstellung von Baumrinde, Steinen und dergleichen glücken – zumindest auf Anhieb nicht. Trotzdem sind sehr respektable selbstgemachte Ergebnisse möglich.

Eigenbau

Als Grundmaterial bewährt hat sich Styropor, das Sie als Plattenware in jedem Baumarkt bekommen. **Styrodur** ist wesentlich fester, allerdings auch schwieriger zu bearbeiten. Wählen Sie die Ausgangsplatten nicht zu dünn, denn sonst be-

Links:
Rückwand im Eigenbau: Zuerst wird aus dem Styropor die Struktur mit geeignetem Werkzeug grob vorgearbeitet.

Oben:
Die groben Kanten sind inzwischen abgerundet. Das in der Mitte vorgeklebte Teil verdeckt die Trennkanten der beiden Hauptelemente.

Beim Bemalen kommen verschiedene Farbtöne zum Einsatz. Wenn Sie vorspringende Zonen etwas heller halten, gewinnen Sie zusätzlich an optischer Tiefe.

kommen Sie beim Modellieren leicht unansehnliche Löcher oder ganz dünne Bereiche, die die Wand dann schnell knicken oder brechen lassen.

Bearbeitet wird mit kratzenden, sägenden, schneidenden oder schabenden Werkzeugen – von der Tortengabel über die Drahtbürste bis zur Kunststoffsäge, alles kann seinen Zweck erfüllen. Die dann noch sehr kantige und raue Oberfläche ebnen und glätten Sie mit einem Heißluftföhn oder einer Lötlampe, notfalls mit dem Feuerzeug. Dazu begeben Sie sich aber tunlichst ins Freie, denn durch die Hitze entstehen ungesunde Dämpfe, die Sie besser nicht einatmen sollten.

Für die **farbliche Gestaltung** kommen Abtön- oder Plakafarben auf Kaseinbasis ebenso gut in Frage wie Acryllacke, Hauptsache, die verwendeten Materialien geben in ausgehärtetem Zustand keine schädlichen Substanzen ab.

Um eine festere Oberfläche zu erzielen, können Sie in die Farbe feinkörnigen Sand mischen und dieses Gemisch etwas dicker auftragen. Dadurch verzögert sich zwar das Durchhärten erheblich, am Ende widersteht eine solche Oberfläche aber selbst den Zähnen von raspelnden Harnischwelsen und Buntbarschen, die eine Styropor-Rückwand sonst relativ schnell in viele kleine weiße Kügelchen zerlegen können.

Tipp

Durch das lückenlose Aufkleben der 3D-Rückwand auf der hinteren Scheibe verhindert man, dass sich Fische dazwischenklemmen können, was selten gut ausgeht. Folglich setzen Sie so auch am besten die fertig gekauften und gegebenenfalls exakt (!) auf Maß gesägten 3-D-Modelle ein.

Fixierung

Eine zuverlässige Befestigung solch eher leichten Bauten erreichen Sie mit Silikon an der Rückscheibe; auch die Seitenränder verfugen Sie lückenlos. Ein bloßes **Einklemmen** genügt zwar meist zu Beginn auch, Styropor saugt sich aber im Laufe der Zeit unter Wasser voll und wird dann **instabil** und brüchig. Dann kann es bei etwas unvorsichtigerem Umgang damit passieren, dass sich Teile oder sogar die ganze Wand selbstständig machen. Die ganze Pracht wäre dahin.

Filter-Rückwand-Kombination

Die großen raumgreifenden Fertigmodelle hatten zu Beginn den offensichtlichen Nachteil, einen Großteil des Aquarienvolumens einzunehmen, womit viel Raum für die Inneneinrichtung, aber auch für die Bewegungsfreiheit der Fische praktisch verschenkt wurde. Den Nachteil hat man später kurzerhand zum Vorteil gewendet, indem

Höhle im Eigenbau. Die unteren beiden Lagen müssen noch ‚zu Stein' werden, bevor der Pinsel zum Einsatz kommt.

Großzügige Terrassen setzen ein hohes Aquarium voraus, wenn es weiter oben nicht zu eng werden soll.

man aus dem bis dahin nutzlosen **Rückraum** einen großen **Innenfilter** gemacht hat.

Das lässt sich mit der sonst leicht beherrschbaren Styropor-Bauweise nicht nachmachen, dafür ist das Material zu fragil. Wagen Sie sich allerdings handwerklich weiter vor und arbeiten mit **Kunstharzen**, die entweder einen dauerhaften und stabilen Überzug über die Styroporwand abgeben oder in entsprechender Schichtstärke allein die Rückwand darstellen, können Sie nicht nur den Filter dahinter planen, sondern auch allerlei andere Gerätschaften – Heizer und CO_2-Zugabegerät etwa – unsichtbar unterbringen.

Modulbauweise

Eine Unterart der 3D-Rückwände stellen die einzeln verbaubaren Module oder Segmente dar, die Sie für erheblich weniger Geld bekommen als die großen, vollplastischen Produkte. Rechnen Sie mit einer üppigen, raumgreifenden Vegetation, werden also nicht mehr allzu viel von der hinteren Aquarienscheibe zu Gesicht bekommen, können Sie sich mit eher einfachen Dessins begnügen.

Sie bekommen aber auch sehr realitätsgetreue Steinstrukturen in dieser Form im Handel, die Sie zum Teil wie ein Puzzle verwenden können, sodass keine unschönen geraden **Trennfugen** sichtbar werden.

Auch für den Hobbybastler bietet sich diese Variante an. Besonders bei großen Behältern mit vielleicht sogar noch mehreren Querstreben ist es manchmal unmöglich, ein solch großes Stück überhaupt hineinzubekommen. In einem solchen Fall ist man gezwungen, **mehrere Teile** erst im Inneren des Aquariums zur ganzen Wand zusammenzusetzen.

Ein nicht zu unterschätzender Vorteil ist aber die spätere Zusammenstellung einzelner komplexerer Teile, wenn Sie etwa den Einbau größerer Höhlen im Zusammenhang mit der rückwärtigen Architektur planen.

Terrassen 2

Wie schon im Kapitel Bodengrund geschrieben, ist es schwierig, ohne stützende Elemente einen höhengestaffelten Bodengrundaufbau so zu verwirklichen, dass er auch von Dauer ist. Eingeklebte **Glasstreifen** erfüllen diesen Zweck, sehen aber hässlich aus, weshalb Sie sie mit Stein- oder Holzstücken verblenden sollten. Nachteilig ist auch die allzu schnurgerade Ausrichtung der Elemente.

Im Handel bekommen Sie ebenfalls **Terrassenbausteine**. Allerdings müssen Sie deren Aussehen so hinnehmen, wie es fabriziert worden ist. Möglich ist auch, eine nicht allzu umfangreiche **Korkrinderolle** mit Steinen so zu füllen, dass sie keinen Auftrieb mehr besitzt, und sie dann als Barriere zu verwenden.

Steine, die in Form und Größe dieselbe Aufgabe erfüllen können, findet man nicht allzu häufig, aber die Suche lohnt auf jeden Fall. Solange das zusätzliche Gewicht keine Rolle spielt, ist das sicherlich eine der einfachsten und natürlichsten Möglichkeiten.

Doch bietet sich dem Selbstbauer da die günstige Gelegenheit, mit denselben Materialien, die auch bei der Rückwand eingesetzt worden sind, auch gleich die ‚Treppen' für den Mittelgrund herzustellen. Natürlich müssen die dann auf den trockenen und sauberen Glasboden sorgfältig aufgeklebt werden.

Bepflanzbare Rückwände

Rückwände aus Styropor und vergleichbaren Materialien bieten die Möglichkeit, verschiedene Pflanzen darauf zu befestigen. Sie können beispielsweise **Javafarn** auf dafür geplanten Vorsprüngen mit Plastiknadeln so fixieren, dass nach einer Weile des Festwachsens und Gedeihens eine vollständig von den Pflanzen überzogene Fläche entsteht. Bei Javamoos und ähnlichen Gewächsen sind Sie nicht einmal auf irgendwelche Standflächen angewiesen. Auf harten Kunstharzflächen geht das natürlich nicht.

Tipp

Als letzten Pfiff können Sie den Filterauslauf über diese Kulturen leiten und bekommen so eine zusätzliche Biofilterwirkung.

Balkon

Eine weitere, leider nur selten genutzte Möglichkeit bietet der Selbstbau noch: Am oberen Rand der Rückwand lässt sich ein Balkon anbauen, den Sie entweder aus dem Vollen modellieren oder nachträglich ankleben. Er lässt sich wunderbar als **Pflanzrinne** nutzen. Je nach Höhenlage können dort kleinere Gewächse auch noch submers gedeihen.

Setzen Sie die Rinne ganz nach oben, haben Sie die Gelegenheit, verschiedene *Cryptocoryne*-Arten etwa emers zu kultivieren, wobei ihre ‚Füße' noch im Wasser stehen. Allerdings werden Sie bald die Wurzeln der Balkonpflanzen im Aquarium zu Gesicht bekommen, da sie durch das eher weiche Styropor hindurchwachsen und im Wasserraum dann weiße Bärte bilden.

Dekorationsmaterial

Nach Rückwand und Bodengrund präsentiert sich die Inneneinrichtung noch etwas einförmig. Natur und Fachhandel halten vieles bereit, was sich zur weiteren Verschönerung anbietet. Einiges lässt sich auch in Heimarbeit verwirklichen.

Aber bevor Sie ein bestimmtes Dekorationsstück – gleich welcher Herkunft – im Aquarium verwenden, sollten Sie sich ein paar Fragen dazu beantworten. Die unumgänglichste lautet: Kann das Stück den Tieren oder Pflanzen schaden?

Natürlich gehören Bodengrund und Rückwand auch zum Thema Dekoration. Da sie aber ihre eigenen Kapitel bekommen haben, können wir uns hier auf die Dinge beschränken, die gemeinhin unter Aquariendekoration zusammengefasst werden: Steine, Wurzeln, Blätter und andere Accessoires.

Die Auswahl im Handel ist riesig, aber man findet auch in der Natur genügend Material.

Steine

Seit der Zoofachhandel die verschiedensten Gesteinsarten in allen möglichen Größen im Sortiment führt, gibt es kaum noch einen Grund, Sonntagsspaziergänge für Raubzüge in freier Natur zu nutzen. Es sei denn, man ist auf der Suche nach speziellen Stücken in vielleicht auch noch besonderer Form oder Größe. Ein kleiner geologischer Atlas der in Frage kommenden Gegend ist dann oft ganz nützlich, um zu erfahren, wo man etwa entlang des Rheins Schiefer und wo Grauwacke finden kann.
Einschlüsse oder Adern im Gestein, die durch ihre Farben auffallen, sollten ebenfalls zum Ausschluss führen. Es kann sich um **Metallsalze** handeln, die im Aquarienwasser giftig auf Fische oder noch schneller auf Wirbellose wirken könnten, besonders wenn Kupfer im Spiel ist.

Ein wenig sollten Sie auch auf **scharfe Kanten** achten; allerdings kommt es da auch auf die Fische an, die mit den Steinen leben sollen.

Daran denken

Wenn Steine Stoffe ans Wasser abgeben können, kommen sie ebenso wenig in Frage wie nitratgetränktes Wurzelholz oder allzu rasch gammelndes Falllaub. Misstrauen ist auch bei vielen Kunststoffen angebracht, vor allem beim Selbstbau, denn oft setzt man da Produkte ein, die nicht grundsätzlich für die aquaristische Verwendung entwickelt worden sind.

Kleinere Salmer oder Bärblinge, die sich womöglich auch eher in den oberen Aquarienzonen aufhalten, werden mit kantigen Schieferplatten oder scharfporösem Lavagestein kaum in Kontakt geraten und sind folglich ungefährdet.

Anders sieht es bei **größeren Buntbarschen** etwa aus, die bei Balz oder Konflikt mit entsprechenden Kräften zu Werke gehen. Verletzungen, auch gefährlichere, können da ohne Weiteres auftreten.

Auch **Bartelträger** – vor allem **Panzerwelse**, aber auch alle anderen **gründelnden Fische** sollten ebenso wie beim Bodengrund nicht mit irgendwie riskant kantigen Steinen in Kontakt geraten können. Schon so mancher *Corydoras* hat sich seine Barteln an dem porösen Lavagestein abrasiert.

Sind Sie Anhänger esoterischer Gedankenwelten, können Sie natürlich auch die mit den üblichen Wirksamkeiten bedachten Mineralien verwenden. Selbst diese Wünsche befriedigt der Fachhandel mittlerweile, und es bleibt Ihnen überlassen, ob Sie das als Bereicherung oder lediglich als Beleidigung auffassen – schädlich sind

Test

Die grundsätzliche Überprüfung aus Aquarientauglichkeit ist seit Ewigkeiten dieselbe: Tröpfelt man Salzsäure oder Essigessenz auf das Material, und es schäumt, ist es kalkhaltig und kommt nicht in Frage. Es sei denn, man möchte extreme Härtegrade realisieren. Allerdings sollte man auch dann so lange messen, bis man sicher sein kann, dass sich das noch in den gewünschten Bahnen bewegt.

Geschickter Steinaufbau in einem Tanganjikasee-Aquarium, eingerichtet von Scalare-online auf der Aqua-Fisch 2008 in Friedrichshafen.

die Preziosen von der Fischtheke jedenfalls nicht.

Eine **Vorbehandlung** des steinigen Materials kann sich auf das Abspülen eventuell anhaftender Erd- oder Schmutzreste beschränken. Sie müssen Steine weder einweichen noch auskochen.

Gewicht beachten

Ein anderes Problem, das bei großen und/oder vielen Steinen im Aquarium auftaucht, ist das Gewicht, vor allem wenn es nur in wenigen Punkten auf die **Bodenscheibe** drückt. Natürlich erhöht ein Felsmassiv, wie es häufiger in ostafrikanisch orientierten Buntbarschbecken vorkommt, das Gewicht der Gesamtanlage erheblich und muss schon bei der Planung berücksichtigt werden. Notfalls müssen Sie sich entweder bescheiden oder nach leichtergewichtigen Materialien suchen (siehe „Kunststeine“ und „Selbstgemachtes“).

Um die Gefahr auszuschließen, dass das punktuell auf das Glas der Bodenscheibe wirkende Gewicht schwerer Brocken diese zum Platzen bringt, können Sie eine **dämpfende Unterlage** zwischenschalten. Eine ausreichend starke Styropor- oder Styrodurplatte in den entsprechenden Maßen wirkt da beruhigend.

Tipp

Sind Fische, die gerne im Boden graben, zugegen, ist es nicht verkehrt, jener Unterlage zuvor einen passenden Farbton zu verleihen. Dann schimmert nicht plötzlich befremdlich weißes Styropor unter dem Malawi- oder Tanganjikasee-Felsmassiv.

Einem möglichen **Einsturz** einer kunstvoll geschichteten Felswand beugen manche vor, indem sie den trockenen Aufbau durch Silikonverklebungen sichern. Selbstredend setzt man nur aquarientaugliches Material ein, kann aber trotzdem auf eine passende, nicht ins Auge fallende Farbe des Klebers achten. Ist dergleichen nicht zur Hand, lassen sich die noch weichen Klebestellen mit Sand oder einem feinem Kies so weit kaschieren, dass das Silikon später nicht stört.

Auch fürs Auge

Neben der technisch-theoretischen Seite sollten Sie aber auch die ästhetische ein wenig bedenken. Möchten Sie einen halbwegs natürlichen Eindruck erreichen, empfiehlt es sich außerordentlich, nicht nur eine einzige Gesteinsart zu verwenden, sondern auch **einheitliche Formen** auszuwählen – also beispielsweise nicht runde Basaltkiesel mit kantigem Basaltbruch zu kombinieren. Eine komplette Felswand, vor der große, runde Flusskiesel das Bild bestimmen, gibt es allerdings auch oft in der Natur.

Wenige große gerundete Brocken, umgeben von einer Vielzahl unterschiedlich kleinerer Flusskiesel, wirken erheblich natürlicher als nur das eine Format. Bekommt dann der Bodengrund ebenfalls ein abwechslungsreicheres Gesicht, indem Sie ein paar Hände voll kleinerer Kieselsteine unter den Sand mischen, wirkt das Ganze schon sehr überzeugend.

Oft helfen ein paar Blicke in die Natur, ein Fluss oder wenigstens ein größerer Bach findet sich überall. Reiseberichte in Fachzeitschriften und auch einige Bücher zeigen die Biotope in Übersee oft in anschaulichen Bildern. Da können Sie sich ebenfalls getrost bedienen. Selbst die **Ausrichtung** der einzelnen Steine kann erheblich zum gelungenen Aussehen beitragen: Im Vordergrund horizontal angeordnete Platten bilden zu aufrecht stehenden einen merkwürdigen Kontrast, der auf den Betrachter wie ein unnatürlicher Bruch wirkt. Auch Höhlen, die aus zwei oder drei runden Stützkieseln und einem dünnen Schieferdach bestehen, wirken eher befremdlich. Da kommt die getöpferte runde, aber praktische Tonröhre ehrlicher daher.

Tipp

Beleben lässt sich ein steinerner Eindruck ungemein, wenn Sie verschiedene Größen verwenden, aber immer auf dieselbe Form achten.

Hölzer – die Sorten

Da ist zunächst einmal alles, was in der Aquaristik zu ‚Wurzelholz‘ beziehungsweise ‚Holzwurzel‘ gezählt wird. War es früher allein ein Ding des eigenen Suchens in der freien Natur, hat der Handel

Gut zu wissen

Jedes Stück Totholz zehrt infolge seiner biologischen Abbauprozesse Sauerstoff aus dem Aquarienwasser. Während das bei besonders alten und zugleich harten Hölzern kaum ins Gewicht fällt, kann ein Zuviel an Moorkienholz oder anderen, eher weicheren Holzarten zur deutlichen Verknappung führen. Entweder bescheiden Sie sich dann bei der Holzauswahl und -menge oder sorgen für zusätzliche Sauerstoffzufuhr.

schon lange ein Einsehen und bietet eine enorme Vielfalt hölzerner Dekorationsstücke zum Kauf an. Allerdings bringt dies auch einige Verwirrung mit sich: Mopani, Moorkienwurzel, Savannen- und Mangrovenholz; naturbelassen, dampfsterilisiert, eingesalzen, sand- oder kugelgestrahlt – wer soll sich da noch auskennen? Vergleicht man die Etiketten mit dem Holz an sich, hat offenbar auch der Fachhandel öfter Schwierigkeiten mit der korrekten Identifizierung. Schauen wir uns die Hölzer also der Reihe nach an.
Die verschiedenen **Bearbeitungen**, dampf-, sand-, kugel- oder sonstwie gestrahlt, ‚sterilisiert', nass verpackt oder getrocknet, spielen keine so entscheidende Rolle für die Verwendung im Aquarium. Eine kleine Überprüfung wenigstens eines **Probestücks** in einem gesonderten Behälter ist aber auf alle Fälle dann angebracht, wenn man es mit einer bisher unbekannten Bezugsquelle zu tun hat.

Wurzelholz findet man im Handel reichlich, das selbst Suchen in der Natur ist da schwieriger als bei Gestein.

Am lebenden Objekt

Ein Test, der auch bei anderen Materialien immerhin zur Beruhigung beitragen kann, ist folgender: In einem ausreichend Gefäß wird der betreffende Gegenstand gewässert und Wasserflöhe (*Daphnia*) oder *Cyclops* dazugesetzt. Wenn diese das Bad längere Zeit überleben, können Sie relativ sicher davon ausgehen, dass das Holz auch für andere Aquarienbewohner ungefährlich sein wird. Eine Garantie haben Sie dann aber auch noch nicht.

Mangrove

Dies ist ein Sammelbegriff, zu dem glücklicherweise wenigstens keine wirkliche Mangrove gehört, denn diese Bäume stehen weltweit unter Schutz. Allerdings verbergen sich dahinter die unterschiedlichsten Holzarten, die zumindest teilweise aus zerstörerischem Raubbau stammen. Selbst wenn die Niederlegung des primären Regenwaldes in Südostasien legal vonstatten geht, bleibt es eine nicht rückgängig zu machende Zerstörung wichtiger Lebensräume. Ein krasses und bekanntes Beispiel für die Folgen ist das Schicksal der Orang-Utans, mit denen zugleich eine unbekannte Anzahl endemischer Fischarten untergehen wird, da sie aus denselben Regionen stammen.

Kaufen Sie trotzdem sogenanntes Mangrovenholz, empfiehlt sich ein Test im Wasserbottich, denn manche Exemplare färben außerordentlich stark. Auch den Einfluss auf den pH-Wert sollten

Sie vor der endgültigen Verwendung im Aquarium überprüfen. Aufgrund der Unterschiedlichkeit von ‚Mangrove' lässt sich nichts Zuverlässiges über die sonstigen Eigenschaften sagen. Manche Stücke sind sehr hart und halten eine Ewigkeit, andere zerfallen relativ rasch.

Mooreiche
wäre das Non-plus-ultra für das Aquarium. Alt, hart, aller leicht zersetzlichen Bestandteile ledig, gibt sie außer einem braunen Farbton kaum etwas an das Aquarienwasser ab und kann über Generationen unverändert weitervererbt werden. Nur bekommt man sie kaum, und wenn sie einmal auftaucht, dann beim **spezialisierten Holzhändler**, der dafür sehr viel Geld haben will. Echte Mooreiche ist sehr selten und sehr begehrt, in erster Linie zum Bau exklusiver Möbelstücke.

Gut zu wissen

Steht ‚Mooreiche' auf einem bezahlbaren Holzstück, dann ist es keine, verwenden können Sie das Exemplar aber wahrscheinlich trotzdem.

Moorkienholz
stammt nicht von Eichen, sondern anderen, weicheren Holzarten (Erle, Birke). Das ist kein Nachteil, sondern für bestimmte Harnischwelse, zu deren natürlichem Nahrungsspektrum Holz gehört (*Panaque* etwa) lebenswichtig. Allerdings stammt Moorkienholz aus den unterschiedlichsten Quellen und bringt deshalb auch verschiedene Eigenschaften mit.

Tipp

Ein Test, bei dem Sie das Holz längere Zeit – bis zu ein paar Wochen vielleicht – außerhalb des Aquariums unter Wasser lagern und dabei öfter den Nitratwert messen, hilft und beruhigt.

Im Inland gewonnen, kommt es meistens als Abfallprodukt aus der kommerziellen Torfgewinnung in Norddeutschland. Diese Herkunft ist also ökologisch eher unbedenklich, die Eigenschaften sind es nicht immer. Wenn nämlich lange Zeit über der Torfschicht Landwirtschaft stattgefunden hat, besteht die Wahrscheinlichkeit, dass regelmäßiger und vor allem großzügiger **Kunstdüngereinsatz** zu einer deutlichen **Nitratkonzentration** innerhalb des Holzes geführt hat.

Je nach Beschaffenheit und Herkunft kann Moorkienholz nicht nur erheblich färben, sondern auch den **pH-Wert** senken. Kleinere Stücke werden auch durch mehrmaliges **Auskochen** brauchbarer, bei großen Wurzeln ist die notwendige Topfgröße schon ein Problem. Nano-Aquarianer sind da deutlich im Vorteil, müssen sich aber vor Augen halten, dass in kleinen Aquarien Schadstoffe eben auch schon in kleineren Mengen Auswirkungen haben.

Häufig wird Moorkienholz allerdings auch aus Weißrussland und dem Baltikum eingeführt, wo es als Nebenprodukt bei der Trockenlegung – also Zerstörung – wertvoller Moorlandschaften anfällt.

Mopani
lässt sich verhältnismäßig leicht an seiner Zweifarbigkeit erkennen: Während die glattere Außenseite ein helles, sandiges Braun zeigt, ist die knorrige Innenseite wesentlich dunkler. Die im Handel angebotenen Stücke stammen vermutlich alle aus dem südlichen Afrika und wurden dort so gesammelt, wie wir sie kennen. Mopani ist hart und schwer und mit der bizarren Struktur der Innenseite sehr auffällig. Eher aus Zentralafrika stammen Stücke, die als Savannenholz im Handel auftauchen.

Noch mehr Holz
Steinholz ist versteinertes Holz, damit Stein und hat in diesem Kapitel nichts zu suchen.
Bambus ist ein Gras und wächst natürlicherweise nicht unter Wasser, es wirkt damit bereits befremdlich im Aquarium. Außerdem zeigen Bambusstäbe oder -rohre mit ihrer gelben Färbung an, dass es sich um totes Material handelt. Der letzte Nachteil ist die schwierige Haltbarmachung. Auch wenn Sie die Enden mit Kunstharz oder Ähnlichem versiegeln, verrottet Bambus ziemlich schnell, wobei das weichere Mark besonders rasch und unsichtbar auf das Aquarienwasser einwirkt. Sie sollten die Stücke also mindestens ausbohren, was aber angesichts mancher Längen nicht immer gelingen wird.
Kokosnussschalen sind vermutlich wie Bambus Relikte aus aquaristischer Frühzeit, wo es schon ein Gewinn war, überhaupt etwas Exotisches bei der Dekoration verwenden zu können. Im Unterwasserbild tropischer Flüsse oder Seen spielt sie jedenfalls keine Rolle. Immerhin ist die penibel gesäuberte harte Schale sehr haltbar und gibt kaum etwas ans Wasser ab.
Rebenholz sieht dekorativ aus, und Sie können es nicht nur kaufen, in der richtigen Gegenden schenkt es Ihnen der Winzer. Aber selbst bei öko-

logischem Weinbau bleibt die Gefahr, dass Spritzmittelrückstände vorhanden sind, da Pestizide vom weniger umweltbewussten Nachbarn durch den Wind eingetragen werden. Eine Garantie auf Rückstandsfreiheit werden Sie wohl kaum bekommen können und lassen daher vorsichtshalber die Finger davon.

Luftwurzeln, ‚Lianen' und was sonst noch im Handel, aber gelegentlich auch in Vorgärten auftaucht, mögen geeignet sein, aber auch hier geht das Risiko ganz zu Ihren Lasten.

Frische Hölzer sind für eine dauerhafte Dekoration fast nie geeignet, aber ein frisch geschlagener oder abgebrochener Zweig kann selbst mit Blättern wenigstens vorübergehend sehr dekorativ wirken. Natürlich dürfen Sie wegen der für Fische extrem giftigen ätherischen Öle kein Nadelholz verwenden, aber Obst- oder andere Laubhölzer kommen durchaus in Frage, wenn es etwa um die besondere Note in einem Ausstellungsaquarium geht.

Korkrinde gehört ebenfalls noch hierher. Sie bekommen sie stückweise oder in regelrechten Rollen oder Röhren von ganz unterschiedlichen Ausmaßen. Ihre Verwendung beim Rückwandbau hatten wir bereits auf Seite 102 erörtert. Auch Korkrinde färbt das Wasser, wenn auch weniger als die meisten Hölzer. Mit einem Gelbstich müssen Sie aber rechnen. Außerdem ist sie nicht ewig haltbar, nach einiger Zeit, die allerdings Jahre dauern kann, wird sie bröckelig und zerfällt leicht in Stücke. Am besten bürsten Sie sie vor der Verwendung unter heißem Wasser sauber, um Schmutz und kaum haftende Rindenstückchen zu entfernen.

Relativ jung sind die bereits mit mehr oder weniger festgewurzelten Pflanzen – *Anubias*, *Microsorum*, Moose – **besetzten Holzstücke**, die verschiedene Pflanzenlieferanten anbieten. Als Unterlage für die Gewächse kommt nahezu alles zum Einsatz, was hier bereits erwähnt wurde – von der Kokosnussschale über Mopani bis zur Moorkienwurzel. Auch handwerklich weniger Begabte können sich solche Dekorationsstücke selbst herstellen. Mehr dazu im Kapitel „Umgang mit Pflanzen".

Experimente mit **Zimt**, also der Rinde des Zimtbaumes, die zwischenzeitlich auch zur Dekoration empfohlen wurde, hatten ganz unterschiedliche Ausgänge. Die Ergebnisse reichten von rückhaltloser Begeisterung bis zur Bestürzung über Todesfälle unter den Aquarienbewohnern. Wenn Zimt unbedingt sein soll, empfiehlt sich wenigstens die Testmethode mit den Wasserflöhen, siehe oben. Aber besser lässt man die Finger von solchen, erwiesenermaßen riskanten Experimenten.

Hölzer – die Verwendung

Entweder legen Sie sich bei der Planung der Einrichtung bereits auf bestimmte Größen, Anzahl und Formen der Holzstücke fest und begeben sich anschließend auf die Suche, oder Sie lassen sich von einem besonders schönen Stück, das Ihnen bei einer bestimmten Gelegenheit ins Auge fällt, faszinieren und bauen die Aquarienlandschaft drumherum.

Die Angebote im Handel, auf Börsen und Verkaufsmessen sind inzwischen so reichhaltig, dass es häufig gelingt, eine bestimmte Wurzelform und -größe zu finden, die zwar nie hundertprozentig, aber wenigstens im Prinzip unseren Vorstellungen entspricht. Außerdem bleibt immer noch die Möglichkeit, mit der Säge ins Naturdesign einzugreifen und etwas Passendes daraus zu machen.

Zum Untergehen bringen

Übersehen wird zunächst oft allerdings eine ganz normale Eigenschaft: Holz schwimmt. Wohl dem, der einen **Gartenteich** oder wenigstens eine geräumige **Regentonne** zur Verfügung hat, worin das Stück **gewässert** werden kann, ohne zu stören. Da kann es auch gleich ein bisschen auslaugen und so etwas von den **Farbstoffen** abgeben, die sonst vielleicht das Aquarienwasser zu sehr eindunkeln würden.

Gartenlose Stadtmenschen können das Holz wenigstens ein paar Mal in der **Badewanne** heiß überbrausen und dann hoffen, dass es im Aquarium nicht allzu lange dauern wird, bis das zunächst schwimmende Stück von selbst sinkt.

Ungeduldige können versuchen, störrische Stücke entweder durch einen beschwerenden Stein – was meist nicht sehr gelungen aussieht – oder durch **Einklemmen** – zwischen oberem Steg und Bodenscheibe etwa – schon endgültig zu fixieren. Aber Vorsicht, manche Stücke entwickeln einen enormen Auftrieb und können beim Aufschwimmen einige Verwüstungen anrichten. Hier zumindest wäre man mit nass gelagerter und verpackter Ware besser bedient, denn die geht sofort unter.

Festmachen

Soll die Wurzel lediglich dekorativ herumliegen, müssen Sie sich keine großen Gedanken über die Anbringung machen. Wollen Sie ihr jedoch eine bestimmte Position aufzwingen und kommen mit dem schnöden Einklemmen nicht aus, kann es kompliziert werden.

Wurzeln und Farne – Kongo- und Javafarn in friedlicher Eintracht – bilden zusammen mit dem Wurzelholz nicht nur ein schönes Bild, sondern auch ein wunderbares Dickicht für die Fische.

Auch in eher ‚normalen' Gesellschaftsaquarien können wuchtige Wurzeln gut wirken und weniger hübsche Details – wie hier die Tonröhren für die Welse – verbergen helfen.

Solange ein Teil der Wurzel im Kontakt mit dem Boden bleiben soll, können Sie mit einer **Edelstahlschraube** eine **Plexiglasplatte** daran befestigen und diese Plattform, die flach auf dem nackten Boden des Aquariums aufliegt, entweder festkleben oder mit Steinen und Bodengrundmaterial so beschweren, dass sich das Holz nicht mehr rühren kann.

Ähnlich können Sie verfahren, wenn Sie die Wurzeln à la „unterspültes Ufer" weiter oben ins Aquarium ragen lassen möchten. Glück haben Sie, wenn sich Edelstahlhaken nicht nur an der Wurzel, sondern auch an der Oberkante der betreffenden Aquarienscheibe befestigen lassen. Auch die Methode mit der Plexiglasplatte funktioniert, nur müssen Sie sie eben vertikal fixieren.

Wenn's zu schwer wird

Sind Wurzeln zuerst oft zu leicht und bereiten damit Ärger, haben sie nach einer Weile durch das Vollsaugen mit Wasser derart an **Gewicht** zugelegt, dass auch das wieder zum Problem werden kann.

Die Kalkulation mit einem sehr viel höheren Endgewicht ist also bei solchen hängenden Befestigungen unumgänglich. Das gilt sogar für kleinere, schmale Stücke, die sich nicht nur dekorativ mit Pflanzen bestücken lassen, sondern mit einem Gummi-, besser **Silikonsauger**, der mit einer Edelstahlschraube am Holz befestigt ist, ohne Weiteres an den Scheiben haften. Jedenfalls so lange, bis das Holz entweder zu schwer oder der Sauger ermüdet ist. Eine möglichst **breite Unterlegscheibe** unter dem Schraubenkopf im Saugnapf verbessert die Konstruktion etwas; eine lebenslange Haftung erreichen Sie auch so nicht.

Aber bei diesen Modellen, die es auch fertig gibt, lassen sich immerhin relativ leicht neue Sauger anbringen.

Kunststeine und -wurzeln

Wollen Sie die diversen Begleiterscheinungen und Nebenwirkungen – zu viel oder zu wenig Gewicht, Beeinflussung des Wassers – natürlicher Materialien nicht, können Sie inzwischen auf Produkte aus Kunststoffen ausweichen.

Die Qualitäten sind sowohl hinsichtlich der **optischen Wirkung** als auch der Fertigung sehr unterschiedlich, der direkte Augenschein schützt da besser vor Enttäuschungen als ein paar kleine Bildchen im Katalog oder im Internet. Im Vorteil sind hier die Kleinaquarianer. Da ist die Auswahl an ganz anständigen Ausstattungsstücken inzwischen recht ordentlich.

Zwar gibt es auch große Felsbrocken in erstaunlich perfekter Machart, aber die sind meist so teuer, dass ein paar solcher Stücke den **Preis** der gesamten Aquarienanlage ohne Weiteres verdoppeln oder verdreifachen. Besonders hier liegt die Empfehlung nahe, die Steinfälschung zunächst einmal im Selbstversuch auszuprobieren.

Schiffswracks und Totenköpfe

Die Auswahl an diversen Artefakten, die dem fehlgeleiteten Romantiker in uns entgegenkommen, ist riesig. Wer davon nicht abzuhalten ist, mag sich die Ruinen von Athen oder Buddha persönlich, Totenschädel oder Schatzkisten und was es sonst noch gibt, ins Aquarium stellen. Solange das Material einwandfrei ist und die Bewohner nicht mit Schadstoffen belästigt, bleibt das reine Geschmacksfrage.

Blattwerk

Seitdem bekannt ist, dass in vielen, nicht nur tropischen Flüssen Blätter von der umgebenden Landvegetation weite Bodenbereiche bedecken, ist Falllaub auch ein Thema in der Aquariendekoration. Wollen Sie **Flusskrebse** pflegen, ist es eher eine Futterfrage. Auch vegetarisch orientierte machen mit der dekorativ gemeinten Beigabe kurzen Prozess. Hier geht es aber um den ‚Schmuckwert', nicht ums Gemüse. Vorteil von Herbstlaub und Ähnlichem ist nicht nur die Abwechslung, die man damit erreicht, sondern auch der meist gewünschte **dunkle Bodengrund**, der in der Tat vielen Fischen zu kräftigeren Farben verhilft.

Einmal quer durch den Wald

Nicht alle Blätter, die bereits verfärbt von unseren Bäumen gefallen sind, eignen sich in gleicher Weise. Man nimmt die, die möglichst **langsam** unter Wasser **verrotten**; am besten eignet sich **Buche**. **Eiche** ist auch noch recht dauerhaft, wirkt aber mit der charakteristischen Blattform sehr wie deutscher Wald.

Ein Roter Neonsalmler über Eichenblättern wirkt immer ein bisschen wie ein Kolibri im heimatlichen Tann. Bei der Menge, die Sie dem Aquarium zumuten, müssen Sie sich vor Augen halten, dass abgestorbenes organisches Material sich unweigerlich langsam zersetzt. Dabei werden nicht nur ganz nützliche, vielleicht sogar erwünschte Stoffe wie **Tannine** und **Farbstoffe** frei, auch die Belastung des Wassers nimmt zu. So kann die **Nitratkonzentration**

bei einer dicken Falllaubschicht in einem kleinen Aquarium durchaus in kritische Regionen steigen. Schließlich ist ein Buchenblatt im Prinzip dasselbe wie ein totes Blatt einer Aquarienpflanze. Nur: Das entfernt man, weil man es nicht schön findet und weiß, dass es das Wasser belastet. Man darf es also mit den toten Blättern nicht übertreiben.

Wenig Vorarbeit

Die Vorbehandlung kann sich auf **heißes Spülen** beschränken, wenn lediglich eventuell anhaftende Erde oder Ähnliches entfernt werden muss und Sie in Kauf nehmen, dass die Blätter erst nach einer Weile untersinken. Wollen Sie sie gleich am Boden sehen, ist **Auskochen** das beste Mittel. Die Blätter werden zunächst ziemlich auftragen und

Gut zu wissen

Ahorn und Kastanie zersetzen sich sehr schnell, aber Sie können mit allerlei anderen Arten Versuche anstellen, indem Sie ein paar Blätter in einer wassergefüllten Schale unter Beobachtung stellen.

Gut zu wissen

Erkennen Sie die ersten Anzeichen der Verrottung, tauschen Sie am besten den bisherigen Blattbestand gegen frisches, natürlich totes Laub aus. Auch die etwas häufigere Messung einiger Wasserwerte zu Beginn der Blattperiode ist anzuraten. Die Überwachung von pH- und Nitratwert kann zumindest nicht schaden.

Falllaub-Aquarium mit (etwas zu) vielen Fischen. Statt der Eichenblätter empfiehlt sich wegen der Haltbarkeit und der deutschen Waldoptik eher neutraleres und haltbareres Buchenlaub.

eine dicke, aber lockere Schicht bilden, bis sie sich nach kurzer Zeit von selbst glätten und einen eher dünnen Teppich abgeben. Blätter lassen sich problemlos in trockenem Zustand lagern, wenn keine Feuchtigkeit ins Spiel kommt. Einen **Vorrat**, der für mehrere Jahre ausreicht, können Sie leicht auf einem einzigen Spaziergang eintüten.

Exotische Blätter

Sehr beliebt sind seit wenigen Jahren die Blätter des Seemandelbaumes (*Terminalia catappa*), die ohne Zweifel einige nützliche Wirkungen entfalten, über die man sich allerdings noch nicht völlig im Klaren ist. In erster Linie geht es um **keimhemmende Substanzen**, die die Blätter ans Wasser abgeben. Den pH-Wert verändern sie nicht oder nur unmerklich. Auch eine deutliche Färbung geht nicht von ihnen aus, außer einem leichten Gelbstich. Sie wirken aber fraglos auch dekorativ.

Sie können sie als ganze Blätter oder Bruch kaufen. Letzterer ist nicht nur preiswerter, sondern auch für kleine Aquarien geeignet, denn ein großes Blatt erreicht schon einmal mittleres Lappenformat. Haben Sie nur große ganze Blätter zur Verfügung, lassen sie sich aber auch ganz einfach mit der Schere passend schneiden. Das geht leichter, wenn die Blätter nicht staubtrocken, sondern feucht sind, und dies lässt sich natürlich auch auf jedes andere Blattwerk anwenden.

Tipp

Tonröhren oder -höhlen für Welse und Zwergbuntbarsche, wie man sie auch für wenig Geld kaufen kann, sind praktisch, aber hässlich. Sie gehören in Aquarien, in denen es um die möglichst reibungslose Vermehrung der jeweiligen Fischart geht. Wenn Sie Wert auf eine halbwegs gelungene Optik legen, sollten Sie zu anderen Lösungen greifen.

Selbstgemachtes

Wie bei den Rückwänden können Sie auch auf dem Sektor Dekoration einiges im Do-it-yourself-Verfahren bewerkstelligen. So lassen sich aus **Ton** mit ein bisschen Geschick und etwas Übung täuschend echt wirkende Wurzeln töpfern, vor allem, wenn Sie **verschiedenfarbige** Tone miteinander mischen. Oft bieten Hobby- oder Baumärkte Brennzeiten an, sodass Sie sich sich keinen eigenen Ofen anschaffen müssen. Wir hatten das schon weiter oben (siehe Seite 104).

Auf der Basis von Styropor modelliert

Steine, ob mit oder ohne Höhle, lassen sich zunächst wie Styroporrückwände selbst herstellen. Wichtig ist eine **glatte Unterseite**, die einen guten Kontakt zu Silikonkleber und Glasscheibe gewährleistet.

Erscheinen Ihnen diese Ergebnisse nicht dauerhaft genug, weil Sie beispielsweise Aufwuchsfresser pflegen, wählen Sie eine andere Methode: Um einen grob vorgeformten Styroporkern wird bis auf die Unterseite zunächst **Putzgitter** oder **Glasfasermatte** gelegt und fixiert und anschließend mit geeignetem **Mörtel** oder **Kunstharz** so aufmodelliert, dass am Ende die gewünschte Form mit Steinstruktur entsteht.

Nach dem Aushärten entfernen Sie den Kern, Styropor lässt sich problemlos auskratzen, und sorgen mit einem **Farbfinish** für die perfekte Felsimitation. Wollen Sie das noch auf die Spitze treiben, empfiehlt sich eine nicht ganz einheitliche Färbung mit nahtlosen Übergängen, die Sie allerdings nur mit der Sprühpistole – vulgo ‚**Airbrush**' – erreichen.

Erst in einer dämmrigen Umgebung, die den natürlichen Verhältnissen durchaus entspricht, wirken die Farben der Neonsalmler so, wie sie wirken sollen.

Beleuchtung

Licht wird fast immer nur hinsichtlich seiner Tauglichkeit für das **Pflanzenwachstum** diskutiert. An zweiter Stelle kommt der **Energiebedarf**. Beides sind sicher die wichtigsten Aspekte. Aber Sie sollten auch den Eindruck auf den **Betrachter** nicht vergessen. Das gilt für die Lichtwirkung ebenso wie für das Aussehen so mancher Beleuchtungsanlage. Nicht zuletzt sollten Sie sich fragen, was denn die **Fische** von Ihren Lampen halten.

Technisch gesehen

Die technischen Aspekte der für die Pflanzen notwendigen Beleuchtung erforderten ein eigenes Fachbuch. Literatur dazu gibt es genügend. Immerhin wurde gerade in den letzten Jahren wieder deutlich, dass die Aquaristik außerordentlich von den Entwicklungen auf dem Lichtsektor profitieren kann. T5-Leuchtstoffröhren, LED-Systeme und immer effektivere HQI-Lampen wurden schließlich nicht für den Aquarianer entwickelt. Mit **Leuchtstoffröhren** und **HQI-Lampen** lassen sich bepflanzte Aquarien derzeit optimal beleuchten. Die **LEDs** können noch nicht mit konventionelleren Leuchtmitteln konkurrieren, sind aber auf dem Vormarsch und werden in wenigen Jahren sicherlich eine große Rolle spielen.

Variierende Lichtverhältnisse

Da es hier um das Thema „Aquarien einrichten" geht, setzen wir voraus, dass die Bedürfnisse der Pflanzen hinsichtlich Qualität und Dauer der Beleuchtung erfüllt sind, und beschränken uns auf Fragen, die sonst kaum behandelt werden.

Warum müssen überall im Aquarium dieselben Lichtbedingungen herrschen? Es scheint ein ungeschriebenes Gesetz zu sein, auch die lichthungrigsten Gewächse noch in den hinteren Ecken optimal zu beleuchten. Überall muss die Aquariensonne so brennen, dass sie einen Teppich kleiner Pflanzen auf dem Boden üppig gedeihen lässt – als ob es in der **Natur** keine Beschattung in baumüberdachten Waldbächen, unter der Ufervegetation oder Uferböschungen gäbe. Selbst Schwimmpflanzen, die in den Heimatbiotopen der Aquarienfische manchmal gewaltige Areale bedecken, werden skeptisch beäugt, ob sie auch niemandem weiter unten das Licht wegnehmen.

Schattenspiele

Bodengrundgestaltung, Rückwand, möglichst abwechslungsreiche Dekoration – Aquarianer scheinen nach Abwechslung auf kleinstem Raum geradezu zu lechzen. Nur bei den Lampen hört der Spaß auf. Dabei spricht doch überhaupt nichts dagegen, auch das **Licht** zu **variieren**.

Wenn Sie sich über die Lichtbedürfnisse der in Frage kommenden Arten informieren, werden Sie schnell, dass etwa *Cryptocoryne*, Farne und die meisten Moose mit weit weniger auskommen als *Cabomba*, *Myriophyllum* & Co. Dann ist es auch kein Problem mehr, die Verteilung so vorzunehmen, dass alle Pflanzen das notwendige Licht bekommen. Vor allem ist es aber so ganz einfach möglich, selbst ein variabel beleuchtetes Aquarium nahezu lückenlos zu bepflanzen. Aber ist das nötig? Für Pflanzenaquarianer stellt sich diese Frage nicht, aber es gibt ja auch noch andere.

Lichtspiele

Immerhin, der „Kringeleffekt" hat einige aquaristische Anhänger gewonnen. Damit ist das unregelmäßige Muster aus vielen bewegten Kreisen gemeint, die das **natürliche Sonnenlicht** auf den Gewässerboden zaubert.

Mit punktförmigen Lichtquellen entsteht dieses Lichtspiel von selbst, und zwar als Nebennutzen, wenn Sie sich etwa für HQI als Lichtquelle entscheiden, aber auch mit anderen Lampen, etwa hängend angebrachten Kompaktleuchtstoffröhren oder ‚Energiesparlampen' mit **entsprechenden Reflektoren**. Genügend starke LEDs, ohne Weiteres mit Leuchtstoffröhren kombinierbar, sorgen ebenfalls für ein solches lebendigeres Licht.

Spots

Konzentrieren Sie die Hauptbeleuchtung auf einen bestimmten Bereich, in dem dann natürlich die lichthungrigsten Pflanzen ihre Plätze finden, bleibt nicht nur Raum für schattige **Zonen**, die viele Fische durchaus zwischendurch dem prallen Licht vorziehen. Sie können dann mit einzelnen punktförmigen Lichtquellen Effekte erzielen, die weitaus natürlicher und lebendiger wirken als die öde Leuchtstoffröhrenbatterie.

In unbepflanzten Aquarien, etwa **Schwarzwasserbiotopen** nachempfundenen, können Sie sich sogar auf solche Spots beschränken. Pflanzen werden in der sauren und eher düsteren Atmo-

Ein nach herkömmlichen Maßstäben optimal ausgeleuchtetes Aquarium (Marcel Dykierek, Heimtiermesse Hannover 2010).

Ausladende Pflanzen und eine gezielte Beleuchtung schaffen eine besondere Atmosphäre (aufgenommen in Hannover 2010, Aquarium eingerichtet von Michal Maciejewicz).

Auf die Größe kommt es an

Es ist zugegebenermaßen schwierig, in Nano-Behältern und selbst im 60-Zentimeter-Standard-Set eine abwechslungsreiche Beleuchtung zu erzielen, aber nicht unmöglich. Dennoch bleiben solche Versuche wohl eher den Großaquarianern oder einzelnen Projekten in einer Ausstellung vorbehalten.

sphäre sowieso kaum gedeihen. Wir sprechen hier nicht von den „Taschenlampenaquarianern“, die in völlig unbeleuchteten Becken **Fischarten** vor allem züchten, die das Licht nicht nur nicht brauchen, sondern eher scheuen, weil sie etwa **nachtaktiv** sind. Für solche Spezialisten ist das Thema Licht ein angenehmes, denn es verursacht keinerlei Kosten – außer natürlich für die Taschenlampenbatterien.

Falscher Mond

Eine weitere Spielerei ist wohl eher unnütz: das Mondlicht. Hat es in der **Meerwasseraquaristik** seine Berechtigung bezüglich der Fortpflanzung, dient es den Süßwasseraquarianern wohl eher zur Herstellung einer mystischen Zimmeratmosphäre. Die meisten dieser Lämpchen sind immer noch so stark, dass sie die Pflanzen in ihrer Rhythmik durcheinander bringen können. Und wenn man dem Mond schon Einflüsse auf die Süßwasserfische einräumen will, sollte man wenigstens mit **Mondphasen** experimentieren. Bislang haben allerdings alle solche Versuche gezeigt, dass der Erdtrabant keine besondere Rolle im Lebenslauf der Aquarienfische spielt.

Heizer und Filter

Heizer und Filter spielen bei der Einrichtung eines Aquariums keine besondere Rolle in der Innenarchitektur. Sie achten bei ihrer **Positionierung** zuerst natürlich auf ihre einwandfreie Funktion. Erst dann überlegen Sie, inwieweit man ihre Gegenwart verheimlichen kann, weil der Anblick selbst dunkelgrüner oder schwarzer Geräte im Aquarium störend wirkt.

Aus den Augen

In größeren Behältern ist es kein Kunststück, Heizer oder sogar Innenfilter hinter der Dekoration oder den Pflanzen zu verbergen. Oft besteht da sogar die Möglichkeit, derartige Apparate ganz **auszulagern** und sie außerhalb des einsehbaren Bereichs zu betreiben. Der Außenfilter ist das eine Beispiel, der Heizer in demselben das andere.

Nano- und andere Kleinaquarianer sind hier deutlich im Nachteil, zumal wenn sie das Aquarium beheizen wollen oder müssen. Aber immerhin hat auch hier die Herstellerseite mittlerweile ein Einsehen und bietet **miniaturisierte Geräte** an, die bei weitem nicht mehr so hässlich ins Auge fallen wie die selbst bei nur 25 Watt Leistung immer noch riesigen herkömmlichen Regelheizer. Das Ende der Ingenieursfantasie ist damit aber hoffentlich noch nicht erreicht.

Bodenheizer

Am ehesten bemerkbar macht sich ein eigentlich unsichtbarer Heizer, der Bodenheizer. Er muss als Erstes verlegt und fixiert werden und lässt sich später weder komplikationslos entfernen noch in seinem Verlauf ändern. Löst sich etwa durch unvorsichtiges Hantieren ein Stück und ragt über den Bodengrund hinaus, macht es ziemliche Umstände, das alte Bild wiederherzustellen. Wie notwendig ein Bodenheizer überhaupt ist, sollten Sie darum ebenfalls schon bei der Planung bedenken. Fraglos fördert er das Pflanzenwachstum; die meisten Pflanzen wachsen aber auch ohne zusätzlich beheizte Füße.

Innenfilter

Innenfilter kämpfen, solange sie klein und gut zu verbergen sind, gegen den Ruf relativer Nutzlosigkeit. Dabei sind sie in kleinen Aquarien meist ausreichend und können auch in größeren Wassermengen zufriedenstellend arbeiten, wenn man sich beim Besatz einigermaßen zurückhält.

Geraten sie mit dem Volumen ihres **Filtersubstrats** dagegen in ernsthaftere Regionen, werden sie zum Problem, wenn Sie sie unsichtbar machen möchten. Am besten gelingt das noch, wenn sie unauffällig **gefärbt** – also nicht blau oder grün, sondern besser schwarz – sind und so im Hintergrund sowieso kaum auffallen.

Eine der effektivsten und kostengünstigsten Lösungen, der „Hamburger Mattenfilter“, ist zugleich die mit Abstand hässlichste. So wertvoll er in Zucht- und Aufzuchtaquarien auch sein mag, ein Schauaquarium, das von einer hellblauen

Aquarium mit verlegtem Heizkabel, Depotdünger und Bodengrund.

Schaumstoffmatte deutlich sichtbar in zwei Abteile getrennt wird, verbreitet unweigerlich das Flair eines 50 Jahre alten Hallenbades.

Wenn es denn unbedingt sein muss, sollten Sie erstens schwarzen Schaumstoff verwenden und zweitens den Filter als Bogen in eine der hinteren Ecken verbannen oder durch eine Blende vor der Frontscheibe unsichtbar machen. Eine weitere Möglichkeit der Verschönerung ist die **Bepflanzung** der Matte mit Farnen und Moosen. Allerdings dürfen Sie es damit nicht übertreiben, wenn Sie die **Funktionstüchtigkeit** des Filters nicht beeinträchtigen wollen.

Außenfilter

Bei Außenfiltern kommt es auf die gute **Erreichbarkeit** außerhalb an. Im Inneren ist sowieso kaum etwas davon zu sehen. Lediglich Ein- und Auslauf müssen so platziert werden, dass die bestmögliche **Funktion** nicht nur hinsichtlich der Filterleistung, sondern auch der Strömung und damit Durchmischung des Wassers im Aquarium gewährleistet ist.

Gut zu wissen

Bereits im Kapitel „Rückwand“ wurde der Innenfilter hinter der dreidimensionalen Rückwand besprochen. Was die Unsichtbarkeit betrifft, liegt er uneinholbar vorne, bezüglich der Wartungsfreundlichkeit nimmt er dagegen einen der hinteren Plätze ein.

Unterschrankfilter, die über eine Bohrung im Aquarienboden versorgt werden, nehmen mit dem Einlaufschacht schon wieder mehr Platz ein. Kaschieren Sie diesen Glaskasten mit Pflanzen, Steinplatten oder Wurzeln, fällt er kaum noch auf. Ziehen Sie eine innere Rückwand noch um diese zwei Ecken herum, ist er gar nicht mehr sichtbar.

Sonstige Gerätschaften

Eine Reihe weiterer Apparaturen kommt mehr oder weniger häufig zum Einsatz. Dazu gehören CO_2- und UV-Anlagen sowie hin und wieder einmal ein **Süßwasserabschäumer**. Der Großteil solcher Anlagen befindet sich außerhalb des Wassers und lässt sich damit im Unterschrank bedienungsfreundlich und unauffällig unterbringen.

Das **CO_2-Zugabegerät** – Wendel, Reaktor, Flipper oder sonstwie genannt – muss seine Arbeit allerdings im Aquarium selbst verrichten und zwecks Kontrolle wenigstens teilweise sichtbar bleiben. Gleiches gilt für **Thermometer** und eventuelle **CO_2-Indikatoren**. Solche Anzeiger müssen nicht unbedingt an der Sichtscheibe kleben, wenn Sie nur um die Ecke zu sehen brauchen, um ohne Verrenkungen alles kontrollieren zu können.

Wasser

Was hat Wasser bei der Einrichtung eines Aquariums zu suchen? Schließlich sind Aquarienchemie und Wasseraufbereitung hier keine Themen. Einige Aspekte werden allerdings recht selten bei der Planung und der Einrichtung berücksichtigt: Strömung und Färbung ebenso wie Wasserstand und Jahreszeitenrhythmik.

Strömung

Nicht alle Fische stammen aus Gewässern, in denen die Strömung den Regeln für den normalen Außenfilterbetrieb folgt. Es gibt durchaus Arten, die sich von diesem eher sanften Durchzug bereits belästigt fühlen, während andere sich erst dann so richtig wohlfühlen, wenn die Strömung eine Kraft erreicht, die ein Durchwaten solcher Areale in der Natur unmöglich machen würde.

Gut zu wissen

Strömungspumpen unterscheiden sich von Förderpumpen, wie sie meist eingesetzt werden, technisch deutlich. Um den Stromverbrauch nicht durch unnütze Leistungsmerkmale in die Höhe zu treiben, schaut man sich am besten vor der Anschaffung bei den Kollegen von der Meerwasserfraktion um. Dort kann man auf eine lange Erfahrung mit den unterschiedlichsten Pumpentypen zurückblicken, und die Angebotspalette ist erheblich größer als in der Süßwasserabteilung.

Beides sind Extreme, deren Herstellung fast nie erforderlich ist, um ein **Wohlergehen** der **Fische** sicherzustellen, aber nicht nur der Glaubwürdigkeit wegen sollten etwa Harnischwelse aus Stromschnellen nicht in einem stillen Tümpel leben müssen. Gerade bei ihnen hat sich gezeigt, dass eine stärkere, gerichtete Strömung der Vermehrungsfreudigkeit durchaus förderlich sein kann.

Mithilfe moderner **Tauchkreiselpumpen** ist es heute nicht mehr schwierig, den für die geplante Wasserbewegung unzureichenden Filterauslauf kräftig zu unterstützen. Die Einrichtung des Aquariums hat sich selbstverständlich diesem Aspekt unterzuordnen. **Stängelpflanzen** beispielsweise werden nicht mehr aufrecht stehen, sondern der Strömung gehorchend ein arg schräges Bild abgeben. Optisch passt dann auch der überschwemmte Wald nicht mehr so recht, reißendes Wasser in Stromschnellen hat eher mit größerformatigen Felsen und verkeiltem Treibholz zu tun.

Handelt es sich bei dem Vorbild eher um das, was wir – von den Dimensionen und der Wasserbewegung her gesehen – unter einem **Gebirgsbach** verstehen, sollten Sie über einen Rundkurs nachdenken, der um eine mittlere Insel im Aquarium herumgeführt und durch zusätzliche **Strömungspumpen** an verschiedenen Stellen beschleunigt wird.

Beim Gegenteil des Gebirgsbachs, der möglichst **sanften Strömung** oder dem **Stillwasser**, genügt es oft schon, den Außenfilter, der diese Möglichkeit fast immer bietet, entsprechend zu drosseln. Das machen Sie tunlichst an der Druckseite; auf der Saugseite führt eine Drosselung durch den Unterdruck meist zunächst zu einer unerwünschten **Geräuschentwicklung** durch Blasenbildung am Propeller, die dann sogar noch Lagerschäden zur Folge haben kann.

Wichtig ist auch, dass der **Auslauf** nicht mit einem engen Endstück ins Aquarium mündet, das mit einem Düseneffekt das Wasser wieder beschleunigt. Ein möglichst weiter Auslass mit einer breiten Wasserverteilung bewirkt erheblich weniger Bewegung im Aquarium.

Auch kleine Innenfilter sind heute fast immer regelbar, sodass sich auch hier die Wasserbewegung reduzieren lässt. Seltsamerweise gibt es kaum **Pumpen** zu kaufen, die von vornherein eine entsprechend **geringe Leistung** aufweisen.

Info

Gedrosselte Außenfilter erhalten aufgrund des geringeren Wasserdurchsatzes oft weniger Sauerstoff, als für die Arbeit der Filterbakterien nötig wäre. Ein unterstützender Oxydator oder Ozonisator kann hier Abhilfe schaffen.

Die Farbe des Wassers

In Amazonien kennt man drei Wassertypen: Klar-, Schwarz- und Weißwasser. Die jeweilige Ausprägung ist abhängig von der Herkunft und der jeweiligen Bodenart in der Umgebung. **Klarwasser** mit großer Sichtweite und oft einem leichten Blau- oder Grünstich fließt durch Regionen mit

In der Natur beeinflussen neben vielen anderen Faktoren auch Luftkontakt und Sonnenlicht die Eigenschaften des Wassers. Dazu braucht es nicht einmal eine Stromschnelle wie hier am Rio Arapiuns in Brasilien.

Gut zu wissen

Fische aus solch undurchsichtigen Wässern sind zudem meist einfarbig silbrig grau gefärbt, also auch keine farblich attraktiven Schaustücke.

alten, abgearbeiteten Steinformationen, die nahezu kein Sediment mehr abgeben.

Weißwasser ist in dieser Hinsicht das genaue Gegenteil: Es transportiert die leicht abschwemmbaren Partikel erdgeschichtlich junger Böden – in Südamerika sind es vor allem die Anden – und ist nahezu undurchsichtig hellbraun. Weißwasser wäre von der Biologie her sicherlich ein reizvolles Medium, einen Schauwert hat es aber nun wirklich nicht, ganz abgesehen von der Unmöglichkeit, überhaupt etwas erkennen, geschweige denn beobachten zu können.

Schwarzwasser entsteht durch das Zusammenspiel organischer Abbaustoffe mit den chemischen Eigenschaften des Bodens – in der Regel Podsole und Bleichsande. Es entsteht nicht aufgrund bloßer Auslaugung pflanzlicher Farbstoffe im Falllaub und/oder Totholz. Zur Definition des Schwarzwassers gehört ebenso zwingend ein **niedriger pH-Wert** zwischen pH 3,5 und pH 5.

Der häufig als Beispiel angeführte Rio Negro führt übrigens spätestens ab der Einmündung des Rio Branco kein Schwarzwasser mehr, sondern ein Mischwasser mit eher ‚milden' Werten. Natürlich entstehen alle denkbaren Mischgrade, und auch auf anderen Kontinenten sind die Verhältnisse durchaus ähnlich, wenn sie auch selten so ins Extrem reichen wie in Amazonien. Das bezieht sich allerdings nur auf die jeweiligen Färbungen und Trübungen, nicht auf die **chemische Typisierung**. Die ostafrikanischen Grabenseen sind nur Beispiele für eine gänzlich anders geartete **Wassercharakteristik**, hier kann man sie aber als Klarwasser mit behandeln.

Klar ...

Klarheit des Wassers gilt in der Aquaristik unausgesprochen immer als vorausgesetzt. Selten aber wird die jeweilige Färbung berücksichtigt. ‚Normales' Aquarienwasser zeigt fast immer eine ganz schwache **Gelb- oder Braunfärbung**. Noch nicht einmal Wurzel- oder anderes Holz, geschweige denn Falllaub sind dazu erforderlich, es genügt die Anwesenheit von Fischen und Pflanzen. Deren **Ausscheidungen** beziehungsweise **zerfallende Reste** genügen völlig. Allein diese Färbung wirft ein neues Licht auf die häufige Diskussion über bestimmte **Lichtfarben** in der künstlichen Beleuchtung – aber das nur am Rande.

Gut zu wissen

Mit Holz, Torf und Herbstlaub verstärkt sich die Färbung im Aquarium erheblich. Solche Materialien verbieten sich folglich von selbst, wenn man es auf farbloses Wasser abgesehen hat.

... und farblos

Um aber den sonst unvermeidlichen leichten Farbstich zu verhindern, empfehlen sich nur zwei Methoden. Einmal kann man mit groß dimensionierten und **häufig** abgehaltenen **Wasserwechseln** den Farbstich unter der Sichtbarkeitsgrenze halten, zum anderen entfernen **Abschäumung** und **Ozonisierung** – am besten im Zusammenwirken – jegliche Färbung zuverlässig.

Hinweis

Beide Varianten erhöhen die laufenden Kosten, die Technik schlägt zusätzlich bei der Anschaffung und dem Ersatz der UV-Brenner zu Buche.

Zu Abschäumung und Ozonisierung muss aber auch gesagt werden, dass beide Verfahren einem üppigen **Pflanzenwuchs** nicht zuträglich sind, da viele Nährstoffe und Spurenelemente ebenfalls entfernt werden.

Fischen schaden diese Verfahren nicht, vielmehr vermindern sie die **Keimdichte** im Aquarienwasser stark und **reduzieren** so den **Stress**, dem das Immunsystem der Tiere sonst immer erheblich stärker als in der Natur ausgesetzt ist. Dass die Widerstandskraft der Fische dadurch leiden würde, man also verweichlichte Fische bekäme, die nach einem Umsetzen etwa sehr viel schneller erkranken würden als ‚normal' gehaltene, gehört ins Reich der Märchen.

Schwarzwasser

Schwarzwasser ist in der Aquaristik immer dann im Gespräch, wenn es um die Nachzucht bestimmter Fischarten geht. Dann handelt es sich aber in erster Linie um die chemischen Werte und nicht um die Färbung, die man eher achtlos als Begleiterscheinung einer Torf- oder Erlenzäpfchenbehandlung in Kauf nimmt.

Dabei spielt die dunkle Färbung eine gewichtige Rolle im Leben der darin vorkommenden **Fische**,

Ein typischer Schwarzwasserbach am unteren Rio Negro.

die in vielen Fällen mit besonders auffälligen Farben – häufig noch mit zusätzlichem ‚Leuchteffekt' – gegenseitiges Erkennen und **innerartliche Kommunikation** unterstützen.

Das typische Bild eines Schwarzwasserbaches – heller Sand, dunkles Wasser, kaum oder keine Pflanzen, Sonnenlicht höchstens strahlenweise – lässt sich im Aquarium durchaus nachbilden, ohne kahl zu wirken.

Da sich nicht allzu viele Pflanzenarten für die Pflege in nicht nur dunkel gefärbtem, sondern dazu oft noch recht saurem Wasser eignen, kommt ein gepflegter Unterwassergarten hier natürlich nicht in Frage. Am besten probieren Sie verschiedene Arten für die Unterwasserkultur aus, ansonsten bleibt immer noch die Möglichkeit, mit verschiedenen **Schwimmpflanzen** zu experimentieren, die wenigstens nicht durch die Wasserfärbung beeinträchtigt werden. Ebenfalls möglich sind Seerosengewächse, die mit ihren Schwimmblättern ebenfalls der Wasserfärbung entgehen.

Farbe und Chemie

Die **Färbung** selbst erreichen Sie zwar auch mithilfe von Torf oder Erlenzäpfchen; damit beeinflussen Sie aber vor allem den Chemismus des Wassers. Einfacher sind die Zugabe von **Huminstoffen** zur Färbung und die getrennte Einstellung von **Säuregrad** und **Härte** mittels angesäuertem Osmose- oder Regenwasser. Zwar enthalten viele mit „Schwarzwasser…" deklarierte Präparate aus der Aquarienindustrie Huminstoffe, doch ist die Konzentration darin so niedrig gehalten, dass sich ohne teure Überdosierung kaum ein wirklichkeitsnaher Effekt erreichen lässt.

Gut zu wissen

Huminstoffe säuern im Gegensatz zur landläufigen Meinung das Wasser nicht an, sondern sind eher neutral bis leicht alkalisch. Deshalb werden sie auch korrekt als Huminstoffe und nicht, wie oft falsch zu lesen, als ‚Huminsäuren' bezeichnet.

Abgesehen davon scheinen viele positive Effekte der Huminstoffe bisher als Auswirkung der Ansäuerung mit huminstoffhaltigen Naturprodukten, in erster Linie Torf, interpretiert worden zu sein.

Eine andere, schon ältere Methode der Einfärbung basiert auf **schwarzem Tee**. Allerdings ist auch hier die Färbung eher der Nebeneffekt, denn man ging von anderen Inhaltsstoffen aus, die bestimmte Problemfische zum Laichen bringen sollten. Sie sollten auf **schadstofffreien** Tee achten, bei dessen Kultur keine Gifte eingesetzt worden sind. Den ersten Aufguss können Sie nicht verwenden. Erst der zweite oder dritte kann genommen werden, nachdem er noch eine Zeitlang belüftet worden ist. Genaue Rezepte finden sich in der speziellen Fachliteratur. Da Huminstoffe aber nicht allzu teuer sind, müssen Sie diese Altvätermethode nicht unbedingt wiederbeleben.

Gut zu wissen

Die Erkenntnis, das auch in Äquatornähe jahreszeitlich bedingte Änderungen in der Umgebung das Leben von Pflanzen und Tieren bestimmen und etwa Auslöser für die Fortpflanzung sind, hat sich sehr langsam durchgesetzt.

Wasserstand und Jahreszeiten

Zum unausrottbaren Aquarianerglauben scheint die Annahme zu gehören, dass die Verhältnisse in den Tropen das ganze Jahr über dieselben blieben, wohl weil es dort keine größeren Temperaturschwankungen gibt.

Deutlich dazu beigetragen hat bestimmt die von Frank Kirschbaum entwickelte und nach ihm benannte Methode, bestimmte tropische Fischarten, die bisher für unzüchtbar galten, mithilfe von **gesteuerten** Wasserstandsschwankungen bei gleichzeitiger Veränderung der Wasserwerte in **Ablaichstimmung** zu bringen.

Nun wird ein solcher Aufwand nicht jedermanns Sache sein, aber immerhin sollten Sie sich von der bequemen Annahme verabschieden, dass in den Tropen die Lebensbedingungen immer gleich blieben. Überspitzt formuliert: Ein Aquarium, das immer gleich bleibt, spiegelt also nicht die Natur, sondern eher die Bequemlichkeit des Besitzers wider.

Vielleicht lassen sich sogar durch relativ einfache Maßnahmen die **zyklischen Abläufe** in der Natur darstellen. Oft mag es genügen, wenn die grundlegenden **Wasserwerte** ein wenig **verändert** werden und zugleich die **Strömungsgeschwindigkeit** steigt oder fällt. Wird zugleich die Botanik etwas angepasst, können Sie sich schon mit einiger Aussicht auf Erfolg einreden, den natürlichen Vorgängen näher gekommen zu sein. Und Sie bekommen ein bisschen Abwechslung ins Wohnzimmer.

Pflanzen haben ihre Ansprüche, die erfüllt werden müssen, damit es so wie auf dem Foto aussieht.

Umgang mit Pflanzen

Pflanzen im Aquarium können zwischen bloßer Dekoration, dazu nimmt man am besten Plastikexemplare, und reinem Selbstzweck, dann könnte man auf die Fische verzichten, so ziemlich jeden Stellenwert im Aquarium einnehmen.

Die meisten Aquarianer streben eine relative Ausgewogenheit zwischen Fisch und Pflanze an, weil das sogenannte **Gesellschaftsaquarium**, das in erster Linie gut aussehen sollte, der am meisten verbreitete Aquarientyp ist. Und da mit dem Begriff „Aquarium" Fisch und Pflanze gleichzeitig untrennbar verbunden sind, muss ein anständiges Aquarium eben beides enthalten.

Welchen Anteil die Botanik am eigenen Aquarium auch immer haben soll – von absolut pflanzenlosen Behältern einmal abgesehen, ein paar Dinge sind immer zu berücksichtigen, wenn man auch dem grünen Prozentsatz des Beckenbesatzes sein Recht zukommen lassen will.

Pflanzenansprüche

Im Fachhandel ist das Pflanzensortiment meistens in zwar gut beleuchteten, aber kaum beheizten Aquarien untergebracht, sodass alle Arten unter denselben Bedingungen präsentiert werden. Das sollte Sie allerdings nicht zu der Annahme verleiten, dass auch in Ihrem heimischen Aquarium anstandslos alles gedeiht, was Sie aus solchen Anlagen kaufen.

Denn der Vorrat im Handel wird ständig erneuert, sodass die einzelnen Exemplare kaum die Zeit haben, sich anzupassen, geschweige denn normales Wachstum zu entwickeln.

Beim Umstellungsprozess von emers zu submers machen sich häufig die ersten Unterschiede zur Bevorratung im Handel bemerkbar, denn nun entwickeln die verschiedenen **Pflanzenarten** auch durchaus **unterschiedliche Ansprüche**. Dabei sind Anzahl und Bedeutung der Faktoren keineswegs geringer als bei den Fischen. **Bodengrund**, **Nährstoffsituation**, **Wasserwerte**, **Strömung**, **Temperatur** und **Beleuchtung** müssen für den problemlosen Wuchs den speziellen Erfordernissen entsprechen.

Nun können wir glücklicherweise, genau wie bei den Fischen, die meisten der angebotenen Arten, die sich sowieso im Sortiment bewährt haben, auf wenige unterschiedliche Bedürfnisgruppen verteilen, sodass sich relativ einfach erkennen lässt, was später dauerhaft gedeihen kann und was nicht. Das trifft – ebenfalls wie bei den Fischen – auf fast alle, aber eben nicht für alle zu.

Gut zu wissen

Ein Großteil des Angebots stammt aus emersen Kulturen, wurde also kostengünstig über Wasser bis zur Verkaufsreife kultiviert. Die Umstellung auf die submerse Kultur, also die dauerhaft untergetauchte Lebensweise im Aquarium, braucht eine gewisse Zeit, und nicht immer funktioniert das zufriedenstellend.

Eine ganze Reihe von Ausnahmen sind daher für botanische Spezialisten sicher interessant, für das begrünte Normalaquarium aber allenfalls Problemkandidaten.

Natürlich lassen sich auch im einzelnen Aquarium unterschiedliche Bedingungen verwirklichen. Direkt unter einer **Lampe** ist es möglicherweise viel heller als in einer Ecke, und durch gezielte **Düngung** etwa mit Tonkugeln lassen sich einzelne Bestände oder Solitärpflanzen besonders versorgen.

Damit bekommen Sie schon eine größere Freiheit bei der Auswahl der Gewächse, nur Temperatur und Wasserwerte lassen sich wirklich nicht variabel gestalten. Außerdem werden Sie nach einer Weile feststellen, dass trotz aller Theorie bestimmte Arten oder auch nur eine nicht so gedeihen, wie sie eigentlich sollten. Dafür entwickeln sich andere überraschenderweise umso prächtiger.

Am besten verabschieden Sie sich gleich zu Beginn von dem Gedanken, dass alles genauso wird und bleibt, wie Sie es in kühnen Träumen aufs Papier geworfen haben. Und außerdem ist ein funktionierendes Aquarium zwar ein relativ stabiles System, deswegen dürfen Sie aber trotzdem das eine oder andere ändern – nicht nur, aber auch der **Abwechslung** wegen.

Der Pflanzplan

Damit wären wir bei der Zusammenstellung, die für das projektierte Aquarium taugt. Es kommt wieder auf die Art von Aquarium an, das wir im Sinn haben, aber gehen wir hier einmal von der Bandbreite ‚**bepflanzter Normalfall**' bis ‚**botanischer Garten**' aus. Besonderheiten wie Großbunt-

Am häufigsten angebotene Pflanzen und ihre Ansprüche an Licht und Nährstoffe.

niedrig	mittel	hoch
Anubias (Speerblatt) *Microsorum* (Javafarn) *Vesicularia* (das ehemalige Javamoos) *Ceratophyllum* (Hornkraut) *Vallisneria, Lemna* (Wasserlinse) *Aegagropila linnaei* (Moos- oder Algenball)	*Aponogeton* (Wasserähre) *Hygrophila* (Wasserfreund) *Echinodorus* (Schwertpflanzen) *Ludwigia* (Ludwigie)	*Limnophila* (Sumpffreund) *Cabomba* (Haarnixen) *Nymphaea* (Seerosen), viele Arten mit rötlicher Färbung

barschbehältnisse oder Schwarzwasseraquarien lassen wir hier beiseite.

Eine Skizze machen

Sie sollten jetzt – bewaffnet mit Pflanzenbuch, Papier und Bleistift – den Grundriss Ihres Aquariums skizzenhaft bepflanzen. So bekommen Sie eine erste Vorstellung, wie bestimmte **Gruppierungen** von Pflanzen wirken und welche **Mengen** Sie einkaufen müssen.Nun werden von verschiedenen Schulen auch die unterschiedlichsten Regeln propagiert, die den jeweils schönsten Eindruck versprechen. Die Anhänger des **Holländischen** Aquariums gehen eben anders vor als die Verfechter des **japanisch** orientierten Stils. Letzten Endes muss das Ergebnis vor allem Ihnen gefallen, und wenn Sie dabei auf die Regeln pfeifen, ist das ganz allein Ihre Angelegenheit.

Trotzdem können solche Grundsätze bei der Planung ganz nützlich sein, denn ihre Wirkung ist meistens erprobt. Außerdem lassen sich diese Empfehlungen nicht nur aus der aquaristischen Praxis herleiten, sondern ganz allgemein aus den Erfahrungen heraus formulieren, die bei der **Gestaltung** und **Proportionierung** aller möglichen Objekte – vom Garten bis zum Gemälde – ihre Wirkung schon lange bewiesen haben.

Hier also ein paar besonders verbreitete Gestaltungsempfehlungen

Vorne kommen die Kleinen hin, hinten die Großen. Das ist einleuchtend, denn machten Sie es umgekehrt, könnten Sie hinter der Sichtscheibe außer den ersten Pflanzen nicht mehr viel sehen.

Solitäre werden auf die starken Punkte gesetzt. Damit erhöhen Sie die optische Wirkung besonders eindrucksvoller und attraktiver Einzelpflanzen. Sie sollten allerdings nicht alle vorhandenen und berechenbaren starken Punkte (siehe Seite n) bestücken, denn dann wird es wieder langweilig.

Pflanzengruppen bestehen immer nur aus einer Art; nicht durcheinanderpflanzen! Das klingt nach einem typischen Kleingärtnerargument, hilft aber, es nicht allzu chaotisch werden zu lassen. Sie müssen sich ja nicht immer daran halten.

Tipp

Für ‚Straßen' verwenden Sie am besten langsamwüchsiges Kraut, sonst sind Sie um der Wirkung willen mehrmals pro Woche mit der Schere zugange. Hübsch wirkt so etwas mit *Anubias* auf einer langgestreckten Wurzel. Das macht auch fast keine Arbeit.

Möglichst starke Kontraste nebeneinandersetzen. Also eine hellgrüne feinfiedrige neben eine großblättrige dunkelgrüne oder rötliche Art. Auch das sollten Sie nicht übertreiben, sonst bekommen Sie einen Pflanzenzirkus, der das Auge schnell ermüdet. Sogar das Gegenteil kann ganz reizvoll sein.

Sie können den Kontrast aber auch auf Größe und Anzahl anwenden: Ein Großes mit vielen Kleinen kombinieren. Das ergibt ein eher natürlich wirkendes Bild.

Größere Tiefe lässt sich mit ‚Straßen' schaffen. Gemeint sind Pflanzengruppen, die nicht nur eine bestimmte Richtung – schräg, von vorn nach hinten – aufweisen, sondern auch in der Höhe ansteigen und so den Eindruck einer nicht vorhandenen Tiefe schaffen. Das sollten Sie aber nicht überbewerten und den Effekt auch nicht allzu sehr strapazieren.

Aus der fernöstlich getönten Einrichtungslehre stammen solche Grundsätze wie auf festen Substraten sitzende Pflanzen – fälschlich als Epiphyten bezeichnet, Epiphyten wachsen aber immer auf anderen lebenden Pflanzen – stets im Zentrum zu platzieren oder sich bei der Auswahl der Pflanzen auf wenige Arten zu beschränken. Das muss auch nicht falsch sein.

Zum Schluss aber noch einmal: Empfinden Sie den Anblick einer Vallisnerien-Monokultur als beglückend, sollten Sie sich von deren Verwirklichung durch keine Regel abhalten lassen.

Nicht nur im Fachhandel, sondern auch auf Publikumsmessen und Vereinsbörsen findet man oft eine reichhaltige Pflanzenauswahl.

Pflanzenkauf

Sie haben oben schon gelesen, wie die Aquarienpflanzen im **Zoofachhandel** präsentiert werden. Es gibt aber auch andere Quellen:

Da ist natürlich mittlerweile zuerst das **Internet**. Licht und Schatten sind bei den Pflanzen ebenso verteilt wie bei allen anderen Online-Geschäften. Ein großer **Nachteil** ist aber vor allem, dass Sie nicht exakt sehen, was Sie kaufen. Am besten orientieren Sie sich an den Erfahrungen anderer.

Börsen, **Vereine** und aquarianernde Bekannte fassen wir hier einmal als **private Quellen** zusammen. Vorteile sind die unter Wasser gewachsenen Exemplare, die **keine Umstellung** mehr vor sich haben, und die oft beschämend **niedrigen Preise**. Als **Nachteil** lässt sich die kleine Auswahl anführen: Sie müssen nehmen, was geboten wird, können damit aber meistens ganz glücklich werden.

Aquaristikmessen, oft auch als Teile von Heimtiermessen oder ähnlich genannten Veranstaltungen. Oft breiten Anbieter aus halb Europa auf ihren Tapeziertischen nicht nur ein quantitativ **ansprechendes Angebot**, sondern fast immer auch eine mehr als **anständige Qualität** aus. **Nachteilig** ist, dass man zu den wenigen Terminen auch oft noch weitere Anfahrten vor sich hat.

Vorher planen

Vor dem tatsächlichen Einkauf sollten Sie sich aber noch im Klaren darüber sein, wie viele Exemplare der einzelnen Arten für Ihr Vorhaben nötig sind. Da die meisten Pflanzen in Gruppen gepflanzt werden, ist eine kleine Überschlagsrechnung im Vorfeld ganz nützlich:

Selbst niedrige, klein bleibende Gewächse sollten einen **Mindestabstand** von zwei bis drei Zentimetern bekommen. Bei höher strebenden Arten ist die später erreichbare **Breite** oder **Ausladung** zu berücksichtigen; Vallisnerien dürfen Sie also enger setzen als etwa buschige *Cabomba*-Arten, die auch später noch unten herum gern ein wenig Licht hätten.

Haben Sie anhand Ihres **Pflanzplans** ermittelt, welche und wie viele Arten und Exemplare Sie benötigen, wählen Sie bitte zumindest für die selteneren Arten auch Ausweichmöglichkeiten aus, denn alle Arten zugleich bekommt man so gut wie nie und nirgends. Und planen Sie am Anfang ei-

Gut zu wissen

Die schnellwüchsigen Pflanzen sind die beste Konkurrenz der Algen und lassen ihnen durch ihre schnelle Nährstoffaufnahme und dem damit verbundenen ebenfalls raschen Wachstum kaum eine Chance.

nen größeren Anteil schnellwüchsiger, möglichst unkomplizierter Stängelpflanzen ein. Den können Sie später zugunsten anspruchsvollerer, attraktiverer Wunschpflanzen wieder reduzieren, aber damit lassen sich ziemlich zuverlässig Algenplagen gleich zu Beginn vermeiden.

Besser verzichten sollten Sie bei der Erstbepflanzung auf Cryptocorynen, die längere Zeit für die Umstellung benötigen und dann auch zumindest anfangs sehr langsam wachsen.

Jetzt ist Ihre Liste fertig, und Sie nehmen sie mit zum Fachhändler, vor Ihren Computer, zur nächsten Börse oder Messe und lassen sich das Gewünschte einpacken oder zusenden.

Der **Transport** sollte frostfrei, aber auch nicht zu warm vonstatten gehen. Tragen Sie Sorge dafür, dass die Pflanzen feucht bleiben – ob in luftdicht verschlossenen Plastiktüten oder in angefeuchtetem Zeitungspapier, spielt keine Rolle. Richtiggehend untergetaucht müssen die Pflanzen jedenfalls für die kurze Zeit nicht sein.

Topf, Matte oder Band?

Zumindest im ordentlichen Fachhandel bekommen Sie Ihre Pflanzen in unterschiedlichen Darreichungsformen:

Stängelpflanzen werden oft zu mehreren Exemplaren mit Blei, Gummi oder Plastik gebündelt angeboten.

Rosetten- und Rhizompflanzen wurzeln je nach Art und Größe einzeln oder zu mehreren in Steinwolle und sitzen in Plastik- oder Tontöpfchen, die mit Kieselsteinchen beschwert sein können.

Moose gibt es inzwischen häufig auf Edelstahldrahtgeflechtabschnitten, sogenannten Pads, zu Quadratzentimeterpreisen.

Bei Stängelpflanzen wird immer unter einem Internodium (Blattansatz) geschnitten. Sonst würde der beschädigte Abschnitt faulen.

Info

Gummi- und Plastikreste dürfen in den Hausmüll, sollte aber immer noch Bleiband um die Stängelenden gewickelt sein, ist das ein Fall für den Sondermüll, denn Blei ist giftig.

Mit alldem müssen Sie umgehen, denn ohne Vorbereitung können die Pflanzen so nicht ins Aquarium.

Zum Einpflanzen vorbereiten

Am einfachsten haben Sie es mit den **Stängeln**: Nach der Entfernung des Bandes werden eventuell angegammelte oder angebrochene Stängelabschnitte entfernt, zugleich auch die Blätter an den unteren drei Internodien.

Meistens werden Rosetten-, manchmal aber auch Stängelpflanzen in solchen mit Steinwolle gefüllten Plastikkörbchen angeboten.

Die Steinwolle muss restlos entfernt werden, bevor die Pflanze ins Aquarium darf.

Vor dem Einpflanzen werden die Wurzeln mit einer Schere zurückgeschnitten.

Bei den in **Steinwolle** verwurzelten Exemplaren kann es zur Geduldsprobe werden, das Substrat vollständig zu entfernen. Das muss aber sein, denn Bruchstücke dieses feinfaserigen Materials können sich in den Fischkiemen festsetzen und zu chronischen oder auch akuten Leiden führen. Also nehmen Sie sich bitte neben einer feinen Pinzette auch die nötige Zeit und zupfen wirklich noch die letzten Fasern aus den Wurzeln heraus. Wenn Sie die Wurzeln zwischendurch immer mal wieder mit handwarmem Wasser durchspülen, vereinfacht das die langwierige Prozedur ein wenig.

Tipp

Schneiden Sie die Wurzeln gleich zu Beginn auf die nötigen etwa drei Zentimeter Länge zurück, verkürzt auch das die Angelegenheit wieder.

Die **Pads**, auf denen die Moosarten verkauft werden, lassen sich außer mit der Drahtschere nicht bearbeiten. Auf jeden Fall müssen Pads aber gut gewässert werden, bevor sie ins Aquarium dürfen, da bisweilen Rückstände von Algiziden oder anderen nicht willkommenen Chemikalien vorhanden sein können. Legen Sie sie in eine halbgefüllte Schüssel und wechseln während einer Woche das Wasser mehrmals, dann sollte kein Problem mehr auftauchen.

Bewährte Darreichungsform: Moose werden immer öfter auf einem Drahtgitter als sogenannte Pads angeboten.

Oben: Farn (*Microsorum pteropus* 'Windeløv') und Moos mit Angelschnur auf einem Stein fixiert.
Rechts oben: Auch Haarnetze eignen sich. Allerdings dürfen sich Fische nicht darin verfangen können.
Rechts unten: Nähgarn ist ebenfalls möglich, aber am besten in einer eher unauffälligen Farbe.

Das Einpflanzen

Breiten Sie die Pflanzen zum Einpflanzen auf einer Unterlage so aus, dass Sie sie schnell zur Hand haben. Oder legen Sie sie nach der Zurichtung in ein ausreichend gefülltes Wassergefäß. Bei größeren Aquarien, in denen genügend Raum zum Arbeiten bleibt, können sie auch im Wasser schwimmend bevorratet werden.

Sorgen Sie auf jeden Fall dafür, dass die Pflanzen nicht austrocknen können. Wenn Sie nach der Trockenmethode verfahren, bei der das Aquarium noch kein Wasser bekommt, besprühen Sie die eingepflanzten wie die noch nicht verwendeten Exemplare regelmäßig mit Wasser.

Stängelpflanzen werden in ein zuvor gebohrtes Loch gesetzt, das sie bis unter den Ansatz der ersten Blätter aufnimmt. Dieses Loch können Sie umständlich mit einem Holz vorbohren oder mit ein bisschen Übung während des Pflanzens mit einem freien Finger derselben Hand, die die Pflanze führt, in den Sand stechen.

Rosettenpflanzen werden ganz ähnlich behandelt, was das vorzubereitende Loch betrifft. Der Wurzelhals – also der Punkt, wo die Wurzeln in den oberirdischen Pflanzenkörper mit seinen Blättern übergehen – sollte wenigstens beim Einpflanzen knapp oberhalb des Bodengrundes sitzen.

Noch peinlicher müssen Sie bei **Knollenpflanzen** – *Aponogeton* oder *Crinum* etwa – darauf achten, dass die Knolle, sollte sie noch keine Blätter haben, mit dem Ende, aus dem die Blätter austreiben, ein Stückchen oberhalb des Bodens positioniert wird.

Nach dem Ein- oder endgültigen Auffüllen des Aquariums bis zur geplanten Wasserstandsmarke wird der Neuling enttäuscht sein; der alte Hase kennt es schon: Schön sieht das nicht aus. Doch es wird nur bis zum nächsten Morgen dauern, bis die meisten Stängelpflanzen beginnen, sich nach dem Licht auszurichten und ihre Blätter zu entwirren.

Nach ein paar Tagen ist wenigstens eine erste Ordnung eingekehrt, auch wenn alles noch erheblich zu kurz und zu dünn aussieht. Stängel, deren Auftrieb zu stark war, werden wieder in den Boden gesetzt, Blätter, die verhakt bleiben, vorsichtig getrennt, aber sonst gibt es im Moment nicht mehr viel zu tun außer abzuwarten.

Pflanzenpflege

Je nachdem, welche Wuchsgeschwindigkeit Ihr Grünzeug an den Tag legt, was wiederum von den Arten und den Bedingungen abhängt, müssen Sie früher oder später, seltener oder häufiger ran und zur **Schere** greifen.

Zur Pflege gehört aber auch die regelmäßige **Nachdüngung**, falls Sie sich für eine solche Vorgehensweise entschieden haben. Die tägliche Gabe des Tagesdüngers sollte ebenso wenig vergessen werden wie die Grundversorgung und deren Auffrischung bei jedem Wasserwechsel.

Tipp

Meist genügt es, den wöchentlich penibel eingehaltenen (!) Wasserwechsel zur Botanikwartung zu nutzen und Stängelpflanzen einzukürzen sowie beschädigte oder angefaulte Blätter ebenso zu entfernen wie überzählige Ausläufer besonders wuchsfreudiger Rosettenpflanzen.

Gezielte Bodengrunddüngung bestimmter Exemplare oder Gruppen müssen meist nur in größeren Abständen wiederholt werden. Bei Tonkugeln rechnet man etwa mit ungefähr einem Jahr Wirkungszeit. Allerdings wird der aufmerksame Aquarianer schon beim Anblick seiner Vegetation bemerken, ob alles funktioniert oder etwas im Argen liegt.

Service

Hier finden Sie jede Menge weitere Informationsquellen, für die ersten Versuche, aber auch spezielle Fragestellungen.

Bücher

Hier nur ein paar Titel zum Thema – zum Lesen, Nachschlagen und Anschauen.	
Amano, Takashi: Das große Buch der Naturaquarien. bede, 1998.	Das Grundlagenwerk vom Guru des „Naturaquariums".
Bork, Dieter und Hans-Joachim Mayland (1998/2006): Seltene Schönheiten im Süßwasseraquarium. Bornheim/Münster.	Wirklich schöne, meist kleine, nicht alltägliche Fische in hervorragenden Fotos und mit kompetentem Text.
Lucanus, Oliver: Der Amazonas unter Wasser. Panta Rhei, 2009. am besten über http://www.amazonas-unter-wasser.de/	Prächtiger Bildband mit zahlreichen Unterwasserfotos von den natürlichen Lebensräumen amazonischer Fische.
Kasselmann, Christel: Aquarienpflanzen. Verlag Eugen Ulmer, 2006 (3. Auflage).	Wenn Sie zu irgendeiner aquarientauglichen Pflanze etwas Fundiertes wissen wollen – hier steht's drin, selbstverständlich mit Bild.
Schaefer, Claus und Torsten Schröer (Hrsg.): Das große Lexikon der Aquaristik. Verlag Eugen Ulmer, 2004.	Von handverlesenen Spezialisten verfasste und von ebensolchen gegengelesene Texte zu allen aquaristischen Themenbereichen. Das gibt es nur analog.
Schaefer, Claus, Kasselmann, Christel, Raschke, Andreas: Das Aquarium von A–Z, Tiere –Planzen – Technik, Verlag Eugen Ulmer, 2012 (2. Auflage).	250 Fisch- und 200 Pflanzenarten jeweils in Wort und Bild, dazu die Grundlagen knapp und verständlich, ein kleines Techniklexikon eingeschlossen.
Schaller, Erich: Boshafte Aquarienkunde. Verlag Eugen Ulmer, 2004.	Zum Entspannen zwischendurch. Sehr empfehlenswert!
Schöpfel, Heinz: Schöne Aquarien – aber wie? Urania-Verlag, 1976.	Schon alt und daher nur noch antiquarisch oder per Ausleihe zu bekommen, aber es lohnt sich.
Spreinat, Andreas: Malawisee-Buntbarsche. 2 Teile, Dähne-Verlag, 2002 und 2006.	Für Liebhaber der blauen und gelben Fische unumgängliche Lektüre.
van den Nieuwenhuizen, Arend: Das Wunder im Wohnzimmer. Kernen-Verlag, 1982.	Ein nostalgischer Blick ins letzte Jahrhundert, aber einiges Grundlegende gilt heute noch.
Weigel, Wilfried: Das Schmuck- und Schauaquarium. Franckh, 1974.	Auch schon betagt, aber noch lange nicht überholt. Viele Anregungen und Ratschläge.

Zeitschriften

Vier große, derzeit erhältliche Zeitschriften beschäftigen sich hauptsächlich oder ausschließlich mit der Süßwasseraquaristik. Die Schwerpunkte liegen jeweils etwas anders; am besten informiert man sich durch ein Probeheft oder -abo oder schaut sich auf den entsprechenden Webseiten um:

Aquaristik aus dem Dähne Verlag in Ettlingen, Homepage: http://www.daehne.de/aquaristik,
Aquaristik-Fachmagazin aus dem Tetra Verlag in Berlin, Homepage: http://www.tetra-verlag.de/fachmagazin_1.htm,
Amazonas aus dem Natur und Tier – Verlag (sic!) in Münster, Homepage: http://www.amazonas-magazin.de/,
DATZ (= „Die Aquarien- und Terrarienzeitschrift", mittlerweile ohne Terraristik), ebenfalls aus dem Natur und Tier – Verlag (sic!) in Münster, Homepage: http://www.datz.de/.
Darüber hinaus geben die meisten der spezialisierten Arbeitskreise eigene, oft sehr lesenswerte Periodika heraus. Viele davon findet man mithilfe der Links auf den Verbandsseiten.

Weiter lohnt es sich sehr, ältere Jahrgänge, auch die von inzwischen nicht mehr erscheinenden Zeitschriften, zu studieren. Ein paar solcher Titel: **Aquarien-Magazin**, **Aquarium heute**, **Das Aquarium**, **Ti-Magazin**. Vereinsbibliotheken sind meist die richtige Anlaufstelle.

Internet

Geben Sie bei einer der üblichen Suchmaschinen „Aquarien einrichten" ein, haben Sie die nächsten Tage zu tun. Vor allem damit, die Spreu vom Weizen zu trennen, denn im Internet dürfen ja Hinz und Kunz schreiben, was sie wollen. Aber während Hinz mit Sachverstand, Können und Erfahrung aufwarten kann, schreibt Kunz aus Büchern ab und stellt verwackelte Handy-Fotos zu überflüssigem Text.

Ohne den leisesten Anspruch auf Ausgewogenheit oder gar Vollständigkeit sowie ohne jede Garantie deshalb hier ein paar lohnende Adressen, die – manche vor gewerblichem Hintergrund – Anregungen und handfeste Informationen bieten sowie häufig ein guter Ausgangspunkt für weiteres Surfen sind:
http://aquascape-guru.de, http://blog.christel-kasselmann.de/, http://dennerle.com/de, http://fischeversenken.de.tl/, http://tropica.com/de/, http://www.afizucht.de, http://www.aquamax.de, http://www.arbeitskreis-wasserpflanzen.de/, http://www.cichliden.net, http://www.drak.de, http://www.einrichtungsbeispiele.de, http://www.einrichtungsbeispiele.de/, http://www.flowgrow.de, http://www.malawifish.com/, http://www.malawi-guru.de/, http://www.oammagazin.de, http://www.sand-abc.de

Verbände und Vereine

Unterschiedlich hilfreich sind die Internetseiten der Dachverbände deutschsprachiger Aquarienvereine. Zumindest in Österreich gibt es da noch Optimierungspotenzial:
Verband Deutscher Vereine für Aquarien- und Terrarienkunde e.V. (VDA): http://www.vda-aktuell.de
Österreichischer Verband für Vivaristik und Ökologie (ÖVVÖ): http://www.oevvoe.org/
Schweizerischer Dachverband der Aquarien- und Terrarienvereine (SDAT): http://www.sdat.ch/index.php
Hier finden Sie auch die Anschriften und Termine der einzelnen Aquarienvereine, zumindest der den Verbänden angeschlossenen.

Börsen/Messen

Gute Gelegenheiten für Anschauungsunterricht bieten die Publikumsmessen, die übers Jahr verteilt in beinahe jeder Region stattfinden. Die beiden wichtigsten sind wohl die **AQUA-FISCH** in Friedrichshafen (http://www.aqua-fisch.de/) und die Heimtiermesse in Hannover (http://www.heimtiermesse-hannover.de/).Dank

Ohne die Unterstützung von befreundeten Aquarianern und netten Firmenangehörigen, die sich willig aushorchen ließen oder großzügig Material zur Verfügung stellten, wäre aus dem Projekt nichts geworden. Ihnen allen sei hiermit herzlich gedankt.

Der Beitrag dreier Personen ist allerdings so gewichtig, dass sie nicht drumrumkommen, hier namentlich erwähnt zu werden.

Carsten Gretenkord von der Firma Dennerle ließ mir nicht nur so manches seltenere Pflänzchen zukommen, sondern war auch sonst in vielerlei Hinsicht eine zuverlässige Unterstützung.

Eva-Maria Götz bewies als Lektorin wahre Engelsgeduld und hatte obendrein noch einige gute Ideen.

Meine Frau, Astrid Falk, hat nicht nur einen Großteil der Bilder beigesteuert, sondern das gesamte Bildmaterial so aufbereitet und bearbeitet, dass der Verlag damit etwas anfangen konnte. Einige der hier verwendeten Fotos und noch viele mehr können Sie sich auf ihrer Homepage ansehen (http://www.aquaterra-tierfoto.de/). Obendrein opferte sie sich als erstes Leseversuchskaninchen.

Ihnen allen ein herzliches Dankeschön!

Bildquellen

Astrid Falk: Seite 11, 15, 17, 18, 19 links, 19 rechts, 20 links, 20 rechts oben, 20 rechts unten, 21 oben, 21 Mitte, 22 unten, 23 links oben, 23 links unten, 24, 25 links, 25 rechts, 27 links, 27 rechts, 28 oben, 28 unten, 29 links, 30 links oben, 30 links unten, 30 rechts, 31 Mitte, 31 rechts oben, 31 rechts unten, 32, 33 oben, 33 unten, 35 links, 36 Mitte, 56, 57 links, 57 Mitte, 57 rechts, 58 links oben, 58 links unten, 59 links, 60, 64, 65 oben, 65 unten, 66 links oben, 66 links unten, 66 rechts oben, 66 rechts unten, 67 Mitte, 67 rechts oben, 67 rechts unten, 68 links oben, 68 links unten, 68 rechts, 69 links, 69 rechts, 71, 72 links, 72 rechts, 73, 76, 77 links, 77 rechts, 78, 79 links, 79 Mitte, 79 rechts oben, 79 unten, 80 links, 80 rechts, 81, 82 links, 83 links, 83 rechts unten, 84 rechts, 85, 86, 87 links, 87 Mitte, 87 rechts, 88 oben, 88 unten, 89 links, 89 rechts oben, 89 rechts unten, 90 links oben, 90 links unten, 90 rechts, 91 links, 91 rechts, 92/93, 94 links, 94 Mitte, 94 rechts, 95 links, 95 rechts, 96 links, 97 rechts, 100, 106 links, 106 rechts, 107, 116 unten, 129, 133 Mitte, 133 rechts,
134 links, 134 rechts oben, 134 unten, 135 links, 135 rechts oben, 135 unten

Claus Schaefer: Titelfoto und Foto auf der Umschlagrückseite sowie Seite 4/5, 6, 7, 8, 9, 10, 12 links, 12 rechts, 13 links, 13 rechts, 14/15, 21 unten, 22 oben, 26, 34, 35 rechts, 36 rechts, 37, 38 links, 38 Mitte, 39, 40 links, 40 Mitte, 40 rechts, 41 links, 41 rechts, 42, 43, 44, 45 links oben, 45 links unten, 45 Mitte, 45 rechts, 46 links, 46 rechts, 47 links, 47 rechts, 48 links, 48 rechts, 49 oben, 49 unten, 50 links, 50 rechts, 51, 52 links, 52 rechts, 53 links oben, 53 links unten, 53 Mitte oben, 53 Mitte unten, 53 rechts, 55 rechts, 58 rechts, 59 rechts, 61, 62 oben, 62 unten, 63, 74 links, 74 Mitte, 74 rechts, 75, 82 Mitte, 83 rechts oben, 84 links, 86 unten, 96 rechts, 97 links, 98, 99, 101, 103, 104, 105, 108 links, 108 rechts, 110, 111, 113, 116 oben, 118, 119, 121, 122, 124, 126, 128, 132, 137

Die Zeichnungen auf Seite 29 und 39 fertigte Astrid Falk, alle anderen Grafiken stammen vom Autor.

Register

Bibliografische Information der Deutschen Nationalbibliothek
Die Deutsche Nationalbibliothek verzeichnet diese Publikation in der Deutschen Nationalbibliografie; detaillierte bibliografische Daten sind im Internet über http://dnb.d-nb.de abrufbar.

Wollgrasweg 41, 70599 Stuttgart (Hohenheim)
E-Mail: info@ulmer.de
Internet: www.ulmer.de
Lektorat: Dr. Eva-Maria Götz
Herstellung: Thomas Eisele
Umschlagentwurf: Atelier Reichert, Stuttgart
Satz: r&p digitale medien, Echterdingen
Reproduktion: TimeRay, Herrenberg
Druck und Bindung: Firmengruppe APPL, aprinta Druck, Wemding
Printed in Germany

ISBN 978-3-8001-3252-2

Taschenatlanten

für den klaren Überblick im Aquarium

- **Porträts von 200 Aquarienpflanzen**
- **Informationen über Wuchshöhe, Aquarienmindestgröße und benötigte Temperatur**
- **Mit Hinweisen zur Kultur und Vermehrung**

Christel Kasselmann, weltweit geschätzt wegen ihrer phänomenalen Kenntnis von Wasserpflanzen, beschreibt hier 200 Pflanzen in Wort und Bild und gibt einen praxis-bezogenen Überblick über die beliebtesten und wüchsigsten Aquarienpflanzen.

Taschenatlas Aquarienpflanzen. 200 Arten für das Aquarium. C. Kasselmann. 2. Aufl. 2009, 126 S., 217 Farbf., kart. ISBN 978-3-8001-5909-3.

- **Porträts von über 250 Aquarienfischen**
- **Hinweise zu Ernährung, Pflege und Haltung**
- **Mit Piktogrammen für die schnelle Übersicht**

Was wäre ein Aquarium ohne Tierwelt? Detaillierte Porträts von über 250 im Handel erhältlichen Aquarienfischen informieren über Herkunft, Aussehen und alle wichtigen Daten zur Pflege im Aquarium. Piktogramme und Symbole bei jedem Steckbrief zeigen Ihnen auf einen Blick, was Sie bei der Haltung beachten sollten.

Taschenatlas Aquarienfische und Wirbellose. Das Aquarium von A-Z. C. Schaefer. 2., korr. Auflage 2010. 192 S., 272 Farbfotos, kart. ISBN 978-3-8001-6711-1.

Ulmer